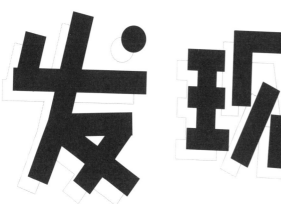

新光传媒◎编译

Eaglemoss出版公司◎出品

FIND OUT MORE

原料与材料

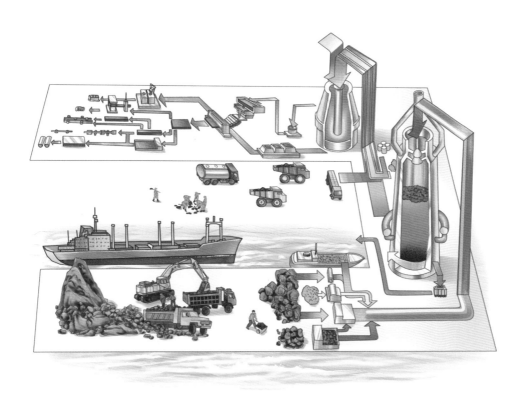

石油工业出版社

图书在版编目（CIP）数据

原料与材料 / 新光传媒编译. -- 北京：石油工业
出版社，2020.3
　（发现之旅. 科学篇）
　ISBN 978-7-5183-3152-9

　Ⅰ．①原… Ⅱ．①新… Ⅲ．①材料科学－普及读物
Ⅳ．①TB3-49

　中国版本图书馆CIP数据核字（2019）第035382号

发现之旅：原料与材料（科学篇）

新光传媒　编译

出版发行：石油工业出版社
　　　　　（北京安定门外安华里2区1号楼　100011）
网　　　址：www.petropub.com
编 辑 部：（010）64523783
图书营销中心：（010）64523633
经　　　销：全国新华书店
印　　　刷：北京中石油彩色印刷有限责任公司
2020年3月第1版　2020年3月第1次印刷
889×1194毫米　开本：1/16　印张：6.5
字　　　数：75千字
定　　　价：32.80元
（如出现印装质量问题，我社图书营销中心负责调换）

版权所有，翻印必究

编辑说明

"发现之旅"系列图书是我社从英国 Eaglemoss（艺格莫斯）出版公司引进的一套风靡全球的家庭趣味图解百科读物，由新光传媒编译。这套图书图片丰富、文字简洁、设计独特，适合 8 ~ 14 岁读者阅读，也适合家庭亲子阅读和分享。

英国 Eaglemoss 出版公司是全球非常重要的分辑读物出版公司之一。目前，它在全球 35 个国家和地区出版、发行分辑读物。新光传媒作为中国出版市场积极的探索者和实践者，通过十余年的努力，成为"分辑读物"这一特殊出版门类在中国非常早、非常成功的实践者，并与全球非常强势的分辑读物出版公司 DeAgostini（迪亚哥）、Hachette（阿谢特）、Eaglemoss 等形成战略合作，在分辑读物的引进和转化、数字媒体的编辑和制作、出版衍生品的集成和销售等方面，进行了大量的摸索和创新。

《发现之旅》（*FIND OUT MORE*）分辑读物以"牛津少年儿童百科"为基准，增加大量的图片和趣味知识，是欧美孩子必选科普书，每 5 年更新一次，内含近 10000 幅图片，欧美销售 30 年。

"发现之旅"系列图书是新光传媒对 Eaglemoss 最重要的分辑读物 *FIND OUT MORE* 进行分类整理、重新编排体例形成的一套青少年百科读物，涉及科学技术、应用等的历史更迭等诸多内容。全书约 450 万字，超过 5000 页，以历史篇、文学·艺术篇、人文·地理篇、现代技术篇、动植物篇、科学篇、人体篇等七大板块，向读者展示了丰富多彩的自然、社会、艺术世界，同时介绍了大量贴近现实生活的科普知识。

发现之旅（历史篇）：共 8 册，包括《发现之旅：世界古代简史》《发现之旅：世界中世纪简史》《发现之旅：世界近代简史》《发现之旅：世界现代简史》《发现之旅：世界科技简史》《发现之旅：中国古代经济与文化发展简史》《发现之旅：中国古代科技与建筑简史》《发现之旅：中国简史》，主要介绍从古至今那些令人着迷的人物和事件。

发现之旅（文学·艺术篇）：共5册，包括《发现之旅：电影与表演艺术》《发现之旅：音乐与舞蹈》《发现之旅：风俗与文物》《发现之旅：艺术》《发现之旅：语言与文学》，主要介绍全世界多种多样的文学、美术、音乐、影视、戏剧等艺术作品及其历史等，为读者提供了了解多种文化的机会。

发现之旅（人文·地理篇）：共7册，包括《发现之旅：西欧和南欧》《发现之旅：北欧、东欧和中欧》《发现之旅：北美洲与南极洲》《发现之旅：南美洲与大洋洲》《发现之旅：东亚和东南亚》《发现之旅：南亚、中亚和西亚》《发现之旅：非洲》，通过地图、照片和事实档案等，逐一介绍各个国家和地区，让读者了解它们的地理位置、风土人情、文化特色等。

发现之旅（现代技术篇）：共4册，包括《发现之旅：电子设备与建筑工程》《发现之旅：复杂的机械》《发现之旅：交通工具》《发现之旅：军事装备与计算机》，主要解答关于现代技术的有趣问题，比如机械、建筑设备、计算机技术、军事技术等。

发现之旅（动植物篇）：共11册，包括《发现之旅：哺乳动物》《发现之旅：动物的多样性》《发现之旅：不同环境中的野生动植物》《发现之旅：动物的行为》《发现之旅：动物的身体》《发现之旅：植物的多样性》《发现之旅：生物的进化》等，主要介绍世界上各种各样的生物，告诉我们地球上不同物种的生存与繁殖特性等。

发现之旅（科学篇）：共6册，包括《发现之旅：地质与地理》《发现之旅：天文学》《发现之旅：化学变变变》《发现之旅：原料与材料》《发现之旅：物理的世界》《发现之旅：自然与环境》，主要介绍物理学、化学、地质学等的规律及应用。

发现之旅（人体篇）：共4册，包括《发现之旅：我们的健康》《发现之旅：人体的结构与功能》《发现之旅：体育与竞技》《发现之旅：休闲与运动》，主要介绍人的身体结构与功能、健康以及与人体有关的体育、竞技、休闲运动等。

"发现之旅"系列并不是一套工具书，而是孩子们的课外读物，其知识体系有很强的科学性和趣味性。孩子们可根据自己的兴趣选读某一类别，进行连续性阅读和扩展性阅读，伴随着孩子们日常生活中的兴趣点变化，很容易就能把整套书读完。

目录 CONTENTS

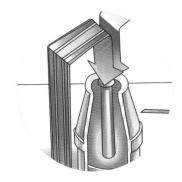

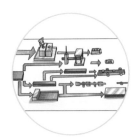 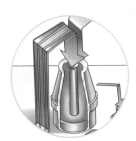 

盐

在1升海水里，平均含有30克食盐（氯化钠）和其他溶解在水中的金属盐。人类和其他的陆地哺乳动物，都无法直接饮用如此咸的海水，但是大量生活在海洋里的生物，早已适应了这种"多盐"的环境。

在我们的饮食中，盐是必不可少的基本物质。海盐一直都在被人类利用。人们把它添加到食品中，让食品的味道更好。在冷藏技术被发明出来以前，保存食物最常用的办法就是用盐腌制——在很咸的条件下，导致食物腐烂的细菌就没有繁殖的机会。

今天，在所有的化合物中，用途最广泛的就是氯化钠。人们将氯化钠从天然盐矿中开采出来，或者从海水中提炼出来，使它成为数百种化学制品工业生产中的原材料。但是，在这些盐

◀ 红海中的海水被蒸发以后，盐就会沉淀下来。图中这个也门人正在"采"盐。

类化合物中，食盐仅是其中的一种。并非所有的盐类化合物都能食用，有一些盐类化合物有毒，有的盐类化合物具有一些有用的特性，被广泛用于工业、实验室和家庭之中。

盐是什么

　　酸与碱发生反应，生成盐。在反应中，一个或多个碱金属原子取代酸中的氢原子。当盐酸与氢氧化钠发生反应时，钠原子取代酸中的氢原子，生成氯化钠。

　　每一种酸都能制造出同一家族中的盐。硫酸与碱金属发生反应会生成硫酸盐，碳酸与碱金属发生反应会生成碳酸盐，硝酸与碱金属发生反应会生成硝酸盐，磷酸与碱金属发生反应会生成磷酸盐，盐酸与碱金属发生反应生成氯化物等。

结晶盐

　　金属盐中的键通常都是离子键。这些极性强的键使盐在室温下保持固态。离子呈规则排列，生成漂亮的晶体形状。碱金属盐，如钠盐，通常都是无色的或者白色的。含有重金属的盐类，如含铜的盐，可能有鲜亮的颜色。

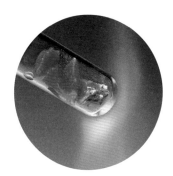

　　由于它们都是离子态，所以，许多盐类物质至少会部分溶于水。在盐类物质中，阳离子和阴离子的引力，会被极性水分子削弱，从而使它们逃逸出去，并溶解在水中。因此，氯化物、硫酸盐、硝酸盐都极易溶于水，但是，碳酸盐和硫化物的溶解性比较差。

▲ 经过剧烈加热，失去了所有水分，漂亮的硫化铜（一种含铜的盐）蓝色晶体就变成了白色。

"制造"盐

　　酸与碱发生反应，就生成了盐和水。例如盐酸与氢氧化钠（碱化合物）发生反应，生成盐（氯化钠）和水。

氢氧化钠（NaOH）

盐酸（HCl）

氯化钠（NaCl）

水（H_2O）

硬的和软的

自来水并不是纯净的。当雨水冲刷地面时，因为在土壤和岩石的矿物中，含有钙、镁和其他金属的盐类物质，这些盐类就会被水溶解。硬水中的钙离子和镁离子与肥皂接触后会生成沉淀物，抑制泡沫产生，并产生浮垢。含有碳酸氢盐离子的水具有暂时硬度，当它加热后，会产生碳酸钙和碳酸镁的沉淀物，这就是沉积在水壶和水管中的水垢（如图）。硫酸钙和硫酸镁具有永久硬度，其沉淀物更难被清除，但是可以用水软化剂进行处理，如碳酸钠（洗涤碱）。硫酸钙和硫酸镁与碳酸钠反应，会生成碳酸钙和碳酸镁的沉淀物，溶液中只留下钠。软水中的矿物盐较少。

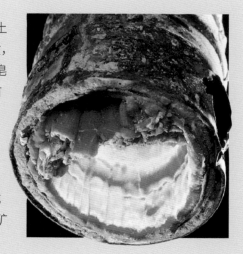

沉淀

当两种盐溶液混合后，就可能会生成一种絮状的沉淀物。

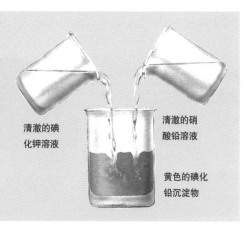

清澈的碘化钾溶液

清澈的硝酸铅溶液

黄色的碘化铅沉淀物

▲ 当水从石灰石的岩穴中滴下时，水中的碳酸钙就会沉淀下来，形成图片中这种尖尖的钟乳石或者石笋的形状。

许多盐与水结合，生成水合物。例如氯化钙被用作干燥剂，吸收空气中的水分。氯化钙与水结合后，可以通过加热除掉它吸收的水分，使之再次成为无水的化合物。

盐的化学反应

当两种不同的盐溶液混合在一起后，可能会产生一些不溶粒子，这被称为沉淀物。例如碘化钾和硝酸铅都溶于水，但是，碘化铅却微溶于水。当清澈的碘化钾和硝酸铅溶液混合后，就会生成一团团絮状的黄色碘化铅（沉淀物）。

各种各样的盐

许多常见物质都是盐。碳酸钙是粉笔和石灰石的主要成分。因为它不溶于水，所以被用来造纸，以及作为牙膏、纸板、塑料和其他产品的填充物。在自然界中，硫酸钙以石膏的形式存在。这是一种含水的盐，加热后会变成熟石膏。熟石膏被用来生产人体模型，或者为断肢制造石膏模型。遇水后，它们再次变成石膏，并变得异常坚固。碳酸钠也被称为洗涤碱，被用作水软化剂，以及用于玻璃生产中。硝酸钾也被称为硝石，是火药的主要成分之一。硝酸钾和硝酸钠还可以用来作为肥料，为植物提供氮。硫酸镁也被称为泻盐。

▲ 这是位于美国庞迪克的盐床。在远古时期，这里本来是一个盐湖。后来，盐湖干涸，就成为今天的盐床。这片辽阔而平坦的地面，被经常用来测试跑车的速度。

溶液和悬浊液

无论白天黑夜，我们一直都被不同化学物质的混合物包围着。溶液和悬浊液就是两种类型的混合物。动物和植物都要通过呼吸空气中的氧气来生存——空气就是一种由相互"溶"在其中的不同气体组成的混合物（溶液）。而河流和湖泊都是悬浊液，因为水中含有浮动的尘土和有机物颗粒。

两种或两种以上的不同物质，以分子、原子或离子形式组成的均匀、稳定的混合物，被称为溶液。微小的固体颗粒悬浮在液体或气体中形成的混合物，被称为悬浊液。

溶液

溶液是由溶剂和溶质（溶剂和溶质可以只有一种，也可以是两种以上）组成的。溶质溶解在溶剂中。将糖加入咖啡中时，糖会溶解并形成溶液，因此在该溶液中，糖是溶质，咖啡是溶

◀ 在死海中，你可以漂浮在高盐分的水上阅读报纸，而不至于将纸张弄湿。

剂。含盐分的水（例如海水）是溶液的又一个例子。在海水中，盐是溶质，它溶解到水（溶剂）中，形成均匀分布着溶质和溶剂离子的混合物。

溶质溶解在溶剂中的过程被称作溶剂化。溶剂化发生的条件是，溶剂与溶质离子或分子之间的吸引力必须大于使溶质结合在一起的化学键。

也可以用两种液体来制造溶液，如酒精和水、伏特加酒和奎宁水。当两种液体相互溶解时，就可以说它们是相溶的，而不能互相溶解的液体，如水和油则被说成是不相溶的。

并不是只有液体溶剂才能形成溶液，气体和固体也能形成溶液。只要溶质能均匀地溶解在溶剂中，这种混合物就被称为溶液。用于制造首饰的 925 银就是一种固态溶液，它是将铜加入熔化的银中制成的。固态溶液通常是将溶剂熔化后在液态下制成的——这会加速溶解过程，并使溶质分散均匀。

▲ 喷洒香槟是赛车运动中庆祝胜利的传统方式。打开瓶盖时，压力的突然降低会使溶液中的二氧化碳气体分子迅速释放出来。

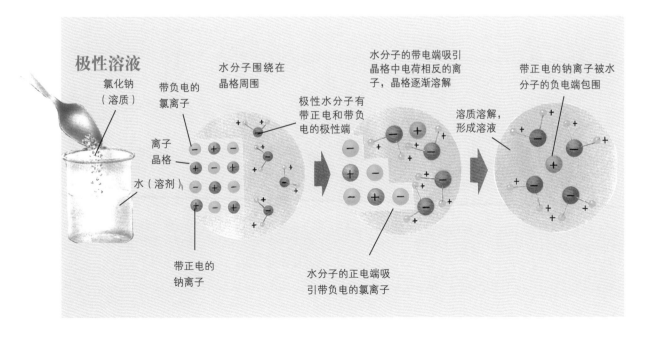

极性溶液

氯化钠（溶质）

带负电的氯离子

水分子围绕在晶格周围

水分子的带电端吸引晶格中电荷相反的离子，晶格逐渐溶解

带正电的钠离子被水分子的负电端包围

极性水分子有带正电和带负电的极性端

溶质溶解，形成溶液

离子晶格

水（溶剂）

带正电的钠离子

水分子的正电端吸引带负电的氯离子

▲ 潜水员在浮出水面的过程中要十分小心，以防止减压病。减压病是由于氮气从血液和脂肪组织里的溶液中快速脱离而造成的。

极性溶液

水是最普通的溶剂，大多数饮料都是将另一种物质溶解在水中制成的，如汽水、热巧克力和茶。

水是极性分子，意思是水分子内电荷分布不对称。极性分子会形成极性溶液。极性分子的带电端会吸引离子化合物中的离子，使它们离开离子化合物的晶格并分散到溶剂当中去。当溶剂是水时，这一过程被称为水合作用。

非极性溶液

非极性溶剂是由非极性分子组成的，非极性分子中电荷均匀分布。许多有机溶剂如丙酮（有些洗甲水中含有这一成分）是非极性的。非极性溶液是通过溶解以共价键结合的化合物而形成的，在这个过程中溶质分子会从分子晶格中分离出来，然后扩散到全部溶剂当中。

非极性溶液

许多胶水都是由胶黏分子组成的，这些胶黏分子不溶于极性溶剂，但是它们溶于另一种类型的溶剂——有机溶剂。

管中的胶水是胶黏分子溶解在有机溶剂中形成的溶液。胶水从管中被挤出后，溶剂会蒸发，只留下胶黏分子。这些胶黏分子紧密结合，形成黏性固体，将两个表面紧紧黏合在一起。

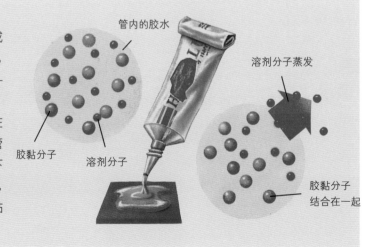

管内的胶水　溶剂分子蒸发　胶黏分子　溶剂分子　胶黏分子结合在一起

溶解度

当溶质被加入溶剂中时，例如糖被加入水中时，溶剂分子会包围住溶质分子或离子。如果只有少量的溶质，这个过程相当容易。然而，如果不断加入溶质，慢慢就会达到一个临界点，此时溶剂分子就无法再包围溶质分子了。在这种情况下，溶质将不再溶解，这种溶液被称为饱和溶液。

▲ 随着温度的升高，氧气可以更容易地进出溶液。由于这种转变是在水的表面发生的，所以水面上的氧气浓度会比较高。因此，在天气炎热时，鱼儿常常会游到池塘或河水的表面来呼吸。

位于以色列和约旦之间的死海就是一种饱和溶液，在死海中，溶解在水中的盐太多了，以至于析出了盐晶。

物质在特定溶剂中的溶解度与温度有关。如果不用沸水冲咖啡，而是用温水，你就会发现咖啡不能完全溶解。在较高的温度下，液体分子的运动速度较快，可以包围更多的溶质分子。因此温度越高，固体溶解得越好。

另一方面，气体在冷水中要比在热水中更易溶解。虽然在较高温度下，液体分子的运动速度加快，但同时气体分子的运动速度也会加快。气体运动速度的加快使它难以溶解在溶剂（水）中，而且即使溶解，也很容易逸散。

悬浊液

悬浊液是高密度的不溶性小颗粒分散在低密度的液体或气体里形成的混合物。波浪拍打海岸就会形成悬浮在海水中的沙粒悬浊液。

在放置一段时间后，悬浊液会分成两层，较重的物质会沉到底部，较轻的物质则浮在上面。例如，把从海浪中收集到的海水放置一段时间后，沙子与水会分开，沙子会沉到水的下面。

与澄清的溶液相比，悬浊液看起来是浑浊的。有一种治疗肚子痛的药就是由高岭土微粒悬浮在水和吗啡中而形成的悬浊液。在药柜中放置很长一段时间后，高岭土会与吗啡液体分开。因此在服用前，必须将瓶子中的液体摇匀，直至液体变得浑浊。

乳浊液

乳浊液是通过将两种不相溶的液体混合在一起，使一种液体的微粒分散在另一种液体中而制成的。例如，色拉酱是用油和醋制成的，这两种物质是不相溶的，但是如果使劲摇晃装有油和醋的容器，就能形成乳浊液。

乳化剂是一种加到乳浊液中以阻止两种液体分

▲ 水基涂料乳胶漆中含有水、聚合树脂、有色颜料和乳化剂。随着墙面变干，乳胶漆中的水蒸发，聚合树脂结合在一起。乳化剂的作用是使乳浊液保持物相稳定。

悬浊液

将不溶性物质搅拌到气体或液体中，就形成了悬浊液，如下图所示。不溶性物质使悬浊液看起来非常浑浊。

沙子或高岭土

水   浑浊的悬浊液

乳浊液

将两种不相溶的液体混合在一起，使一种液体的微粒分散在另一种液体中，就形成了乳浊液。

用力摇动烧杯，漂浮在水面上的油就会扩散到水中形成乳浊液

油

水

乳化剂

在乳浊液中，乳化剂分子在两种液体分子之间起着连接作用。乳化剂分子的两端各吸引着一种液体分子，从而阻止两种液体分开。

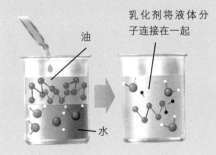

乳化剂将液体分子连接在一起

油

水

▲ 图中是一家牛奶厂的车间。牛奶是一种乳浊液，含有水、细小的乳脂液滴，以及一种称为酪蛋白原的天然乳化剂。如果将牛奶放置很长时间，水和乳脂就会分为两层。

自我观察

油和水

　　将一些烹饪用油倒入一个盛有水的烧杯中，你会发现它们分为两层，因为水和油是不相溶的。下一步，用滴管小心地将几滴食用色素滴到油层上。油和食用色素也是不相溶的，因此它们也会保持分离的状态。但如果将食用色素滴入烧杯的底部，它就会立即扩散到水中并形成溶液，这说明食用色素和水是相溶的。

▲ 图中，意大利的埃特纳火山上方缥缈的云雾是小水滴悬浮在空气中形成的。

层的化学物质，它可以使乳浊液长时间保持稳定。乳化剂常被用在化妆品中，如粉底等。化妆品一般是含有油、水，以及酸和酒精的乳浊液。

胶体

胶体是另一种形式的混合物。在胶体中，分散在液体或气体中的微粒很小，以至于无法用肉眼看到。有的清洁剂就是胶体，而陶瓷制品、肥皂和纸张在生产过程中的某一阶段也曾经是胶体。

胶体中的微粒或者是单个的大分子，或者是一群小分子的集合体。它们的大小大约在 1 纳米到 100 纳米之间，因此只有在倍数极高的显微镜下才能看到。

你知道吗？

丁达尔效应

定向穿过胶体的光束会显示出一条清晰的路径，这种现象被称为丁达尔效应。丁达尔效应的产生是因为胶体中的微粒会反射并散射光线。而溶液中的微粒太小，不能散射光线。太阳光以一定角度穿过树林会呈现出明亮的光束，这说明树林中的空气是一种漂浮在气体中的尘埃胶体。

混合物的分离

垃圾回收、冶炼黄金、咖啡过滤，都是对混合物进行分离。技术人员和科学家们随时都在使用混合物的分离技术——没有这种技术，大部分人造产品都将不再存在。

许多生产工艺都是通过分离混合物获得有用物质的。例如当铁从矿石中被提取出来时，形成铁和矿渣的混合物。要把铁从矿渣中分离出来，就要从炼铁炉的侧壁底部把铁抽取出来（从一个开口排出），矿渣浮在铁的上面，它从炉壁的上方被抽出去。

分离混合物的另外一个原因是为了知道它们含有的物质成分，以及含量的多少。工厂的质量控制部门利用分离方法，分析产品的样品，检测每件产品中的原料含量的波动。通过这种方法，使生产线尽可能保持一致，从而使产品质量最优化。

过滤

含有不溶性固体和液体的混合物，例如漂浮着沙子的海水悬浮液，是通过把它倒入网中来过滤的。这个网被称为过滤器，它上面有很多小孔，液体可以通过这些小孔，但固体没法通过。

如果混合物是由较大的固体和液体组成的，那么过滤网上的孔也相对较大。豌豆在沸水中被煮熟，但是我们并不会在水里吃豌豆。我们会用一把孔眼较大的漏勺，将水滤掉，将豌豆盛在盘子里。

如果混合物中的固体颗粒较小，那么过滤器的孔也较小。我们日常使用的最小的过滤网是用滤纸做成的。咖啡渗滤壶就是利用滤纸把咖啡渣过滤出来，让溶解的咖啡通过滤纸流入计量壶。

固体和气体混合物也是利用过滤器来分离的。在汽车的引擎中有空气过滤器，防止有害的固体微粒进入汽缸，洗衣机和旋转烘衣机也有空气过滤器，用来收集衣服上的绒毛微粒。

秘密的蒸馏器

从 1920 年到 1933 年，美国政府实行禁酒令。政府宣称酒精对社会造成了很坏的影响，人们应该为自己的国家工作，而不是酗酒。于是，成千上万非法的酒精蒸馏设备开始遍及美国乡村。许多酒，包括威士忌、白兰地和伏特加，都是通过蒸馏被制造出来的。

▲鱼被渔网从海水中"过滤"出来。小鱼和水会从渔网中"漏"出去，只把大鱼留下来。但是，如果渔网捞到的是海豚、鲸之类的大型动物，就会发生事故。

◀图中这块悬挂在起重机上的电磁铁，被用来从垃圾中分离铁屑和钢，从而把它们回收利用。

▲ 盐场利用太阳光线的热量来蒸发盐池中的海水。当纯水被蒸发出去后，留下了盐，于是，盐池中海水的盐溶液越来越浓。最后，盐的晶体开始形成，并从剩余的海水中被过滤出来。

▲ 工业中的废水要经过处理，才能滤除有害物质。造纸厂利用沉淀池，就像图中的这种设备，把有害的固体从废水中分离出来。较大的固体颗粒首先沉积在第一个池子中（下），较小的颗粒沉积在第二个池子中（中），其余的颗粒则沉积在最后一个池子内（左上）。

▲ 这些香槟瓶子正在被转瓶（酒瓶瓶口朝下，斜插在支架上的孔中）。在这个过程中，发酵留下的沉淀物（酒糟），通过缓慢的倾斜和转动，被转移到了瓶颈处。一旦到了瓶颈，酒糟就会被冻结，瓶子打开，酒糟在瓶内酒中的气体压力作用下被推出瓶子。

筛选

在制作蛋糕时，面包师会把面粉倒在筛子中摇晃。粉末状的面粉便通过筛子上的小孔被筛选出来，而成团的面粉颗粒、谷壳则被残留在筛子中，并被面包师丢弃。这种筛子也是一种过滤器，它用来分离大小不同的固体颗粒。

▲ 岩石被从地下挖出来、碾碎，经筛选分离成大小不同的部分，再被运送到建筑工地上，或者作为混凝土的配料，或者用来筑地基。

▲ 蛋、巧克力、土豆和豌豆都是需要在生产过程中被筛选的食物。图中这台机器正在筛选豌豆。如果不经过这样的筛选，在豌豆罐头中，豌豆颗粒的大小就会非常不均匀。

要把固体混合物分离出来，筛子必须被晃动，就像面包师来回摇晃筛子筛选面粉那样。只有不断地晃动，筛子中的固体颗粒才会不断地变换位置，可能被大颗粒挡住的小颗粒才有机会通过筛孔被筛选出来。

蒸馏

当盐水持续沸腾时，水蒸发形成水蒸气，留下结晶盐的残渣。如果水蒸气遇到冷的物体表面，比如玻璃窗，就会凝结成小水滴。于是，盐和水就被分离了，这就是蒸馏的原理。

混合物在蒸馏的时候，要使用一种被称为蒸馏器的特殊设备。蒸馏器的大小、形状各异，但它们都是由三个独立的部分组成的——蒸发器、冷却器、收集器。

▲ 在这套实验室内的玻璃器皿中有分馏柱（里面有一个玻璃螺旋），还有一个有蓝色液体的分液漏斗。分液漏斗可以用来分离两种不相溶的液体。

蒸馏通常被用来分离溶液，即含有溶解于液体的固体混合物。液体（溶剂）在蒸发器中被蒸发，通过冷却器后，被凝聚在收集器中，而固体（溶质）则留在蒸发器中。蒸馏器也被用来分离两种混合在一起的液体。此时，沸点较低的液体首先蒸发，而把另一种沸点较高的液体留在蒸馏器中。不过，当两种液体的沸点相近时，最好的方法是分馏。

分馏

分馏可以用来分离两种或更多混溶在一起的液体。这种分离方法的原理和蒸馏一样，但是为了让分离更精确，分馏设备中使用了分馏柱，代替蒸馏器中的冷却器。

分馏柱中有玻璃棒或玻璃珠，增大了冷却柱的内表面积。当沸点较低的液体蒸发时，气体上升通过冷却柱，并在分馏柱内的玻璃表面上持续凝结并再次蒸发。玻璃棒或玻璃珠都是热的不良导体，因此，当气体凝结时，只有部分热量被吸收。于是，在沸点较低的液体全部蒸馏到收集器之前，分馏柱内的温度不会上升。一旦分馏柱内的温度再次上升，就要更换收集器，于是，另外一种沸点较高的液体开始蒸馏到新的收集器中。

一些混合物含有多种不同液体。原油就是一种液态烃（碳和氢的长链化合物）的混合物。当原油在分馏设备中被处理时，它被分离成含有相似长度的碳氢链的液体组分。在大规模的工业生产中，不断更换收集器会降低效率，于是，液体组分一旦凝结就会被收集起来。由于气体在分馏柱中一边上升一边冷却，因此，沸点低的液体在较低的位置首先凝结，沸点高的液体随后在较高的位置凝结。

离心法

离心法被用来分离液体悬浮液。在地球引力的作用下，大部分悬浮液最终都会分为两层，密度较高的物质在下层。离心法加速了地球引力的效应。

当悬浮液在离心机中高速转动时，密度较高的物质会漂移到旋转容器外侧，容器边缘为它们提供了圆周运动的向心力。轻的、密度较低的液体物质聚集在容器内侧或中间。

鲜牛奶就是一种悬浮液，它被称为乳浊液。当它在离心机内旋转时，就会分离成含脂肪的奶油和质地较密的脱脂乳。上层较轻的部分能从下面的脱脂乳中被小心倒出来。

色谱法

色谱法被用来分离复杂混合物的小样品。因此，这种方法通常被用来分析混合物，而非用于工业生产。

在纸色谱分析法中，少量样品被置于一张吸水纸（如吸墨纸）上，纸下部被置于溶剂中。这种溶剂（通常是水）会渗入纸内，并通过毛细作用上升。当溶剂经过样品时，会溶解混合物中的化学物质，然后化学物质随溶剂一起在纸张内向上移动。每种化学物质在溶剂中都有不同的溶解度，因此，

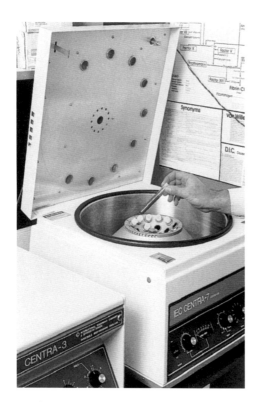

▲ 离心机被用来分离悬浮液，例如图中显示的血液样品。高速旋转血液样品，重的、密度较大的血细胞便沉淀到试管底部，轻的、密度较低的血浆则上升到试管上部。

▲ 科学家们利用色谱法来分析溶液。他们通过打印出来的检测结果，可以与已知化学物质的结果进行比较，从而了解混合物的组成成分。

小实验

纸色谱分析法

　　试一试，用纸色谱法分析在水彩笔的黑墨水中，有多少种不同的化学物质。用墨水在一张吸墨纸条上涂一个圆点，用一根牙签把纸条挂在一个广口瓶中，瓶内盛了高约1厘米的水。让纸条底部浸在水中，水就可以沿着纸条向上移动，并把墨水中的化学物质"携带"到纸条顶端。有些化学物质运动得较快，有些运动得较慢。

　　每种物质在纸上移动的速度不同。化学物质的溶解度越大，运动得越快、上移的位置越高。一旦溶剂到达纸张顶部，这个过程就会停止，这张纸就被称为色谱。通过与已知化学物的色谱比较，混合物中的化学物质就可以被鉴别出来。

　　还有几种其他类型的色谱法，例如薄层色谱法，它使用涂在玻璃板上的一层硅胶而不是纸张作为吸水物质。气体色谱法是把样品变为蒸汽，并让它通过一个柱子，柱子内的容纳物以不同比率让各种化学物质的速度减慢。

铁和钢

在制造业中，可以说铁是最便宜的金属。建筑物、汽车、轮船和机器人的制造，全都要用到铁或钢。钢铁工业也是世界工业革命的基础。钢铁工业的发展，反映了过去 200 多年以来世界经济的发展节拍。

从公元前 1500 年起，我们就已经生活在铁器时代了。当时的一些帝国和人类文明，都在铁制工具和铁制武器的影响下稳步前进。随着工业革命到来，铁和钢成为社会发展的标志。没有铁和钢，就不会有铁路，不会有现代轮船和工厂，更不会有汽车……

而今，铁器时代正在为信息时代开辟道路。在信息时代，塑料和电子成为工业的基础部分。

▲ 图中为首钢京唐钢铁厂 2250 毫米热轧生产线正在进行设备调试。

而围绕在钢铁周围的巨大的工业和贸易网络，则处于适应新环境的巨大压力之下。

新材料的使用会引起钢铁生产的竞争。这些新材料与钢铁相比，或者价格更便宜，或者质量更好。例如一些合成材料正越来越多地应用于汽车生产工业。

为了与新材料竞争，人们正在开发镀层钢板来保护钢材不受腐蚀，并增加了使其适用于汽车和建筑的多种功能。钢的镀层包括锌和塑料，尤其是镀锌钢，正在越来越多地被用于汽车制造业。

尽管存在着很大压力，但钢铁工业仍是世界所有工业化国家的基础工业之一。很多国家，如澳大利亚和巴西，每年都要生产数以百万吨的铁矿石，并用巨型轮船装运到世界各地的钢铁制造厂中。几乎所有的重工业都要用到各种形态的钢材，它们主要用于造船、机械、建筑和制造车辆。

全球工业的专业化，则使大型钢厂集中精力生产自己最擅长的产品。能源危机、经济衰退及全球性的竞争，都是迫使钢铁工业现代化和专业化的因素。

熔炼

铁与合金钢都是活性金属。你只要看一看那些被堆放在废旧金属场后面的废弃汽车，就知道它们已经生锈（腐蚀）了。当铁与氧气、水发生反应时，就会被腐蚀，形成氢氧化铁。由于铁的这种活性特征，所以在地球地壳中发现的铁，总是与铁矿石中的其他成分混合在一起，尤其是

秘密的蒸馏器

从 1920 年到 1933 年，美国政府实行禁酒令。政府宣称酒精对社会造成了很坏的影响，人们应该为自己的国家工作，而不是酗酒。于是，成千上万非法的酒精蒸馏设备开始遍及美国乡村。许多酒，包括威士忌、白兰地和伏特加，都是通过蒸馏被制造出来的。

▲ 废金属制造厂用破碎机来粉碎完整的车辆。它们也可以分解塑料、钢铁和其他金属部件。

▲ 英国皇家海军的一艘船停泊在英格兰纽卡斯尔的泰恩河船坞里。这样的钢壳船是钢铁工业需求的主要市场。

不锈钢卷材在钢铁厂计算机控制的成套机械上转动。不锈钢是一种抗锈合金（由钢、铬组成）。合金是将铬、锡之类的金属材料添加到钢水中制成的。

词典

铁矿石　炼制铁和钢的原材料。在高炉中与焦炭和石灰石一同加热，杂质被去除，剩下铁水。

生铁　在铸型箱内固化的铁水，含碳量大于2%。

钢　铁和碳的合金，含碳量0.03%～2%。

连续铸造　在这种工艺下，钢水冷却后成为连续的平板。

平炉炼钢法　这是一种过时的炼钢法。在这种方法中，火焰穿过熔炼室，将杂质燃烧掉。

碱性吹氧炼钢法　这是在炉子中将铁水、废金属和石灰石的混合物与氧气燃烧，炼制出钢。

钢锭　在铸模中成型的钢块，经过重新加热后，被轧制成薄钢板、钢条和钢丝。

与氧结合在一起。

通过熔炼，可以在铁矿石中把铁分离出来。通过更进一步的加工，减少铁中的碳含量，去掉它所含的杂质，就生产出了钢。用于生产铁的主要矿石之一是含有氧化铁与其他金属氧化物的赤铁矿矿石。

铁是在经过高炉加温后从铁矿石中提取出来的。将铁矿石、焦炭和石灰石混合到一起，并进行预热，形成一种填料，再将其倒入高炉的顶部。当填料掉进炉膛后，就遇到一股上升的富含氧气、燃油、天然气和煤粉的热空气环状气流。这股气流是通过炉壁上的被称为风嘴的管子吹进炉中的。

当这些混合物相遇时，就会发生一系列化学反应。首先，来自矿物燃料的碳与氧气燃烧产生二氧化碳，这一反应使炉子变热。由于产生了热量，所以被称为放热反应。然后，二氧化碳在炉中上升，遇到火红的热焦炭。焦炭中的碳与二氧化碳化合，形成一氧化碳。最后，一氧化碳与矿石中的氧化铁反应，产生铁和二氧化碳。氧化铁下降（失氧），一氧化碳被氧化（得氧）。这个过程被称为氧化还原反应。铁与其氧化物分离并下沉，在炉子底部形成一个铁水池。

熔炼通常要在规定的时间内完成。在这段时间内，炉中的铁水从出铁口流出来。在过去，铁水流入一个看起来像铸铁的铸模内，因此，离开高炉的铁被称为生铁。

大多数生铁被进一步加工，减少里面的含碳量，使其变成钢，其余的则用来制造熟铁或铸铁。

当铁被提炼出来时，矿石中的其他金属氧化物也被石灰石除掉了。如果它们不能与铁分离，这种金属的强度就会减弱。石灰石是一种助熔剂，可以降低金属氧化物的熔化温度并与其结合，生产出一种像玻璃的被叫作矿渣的熔化物质。矿渣漂浮在铁水上面，并通过出口被排放出去。

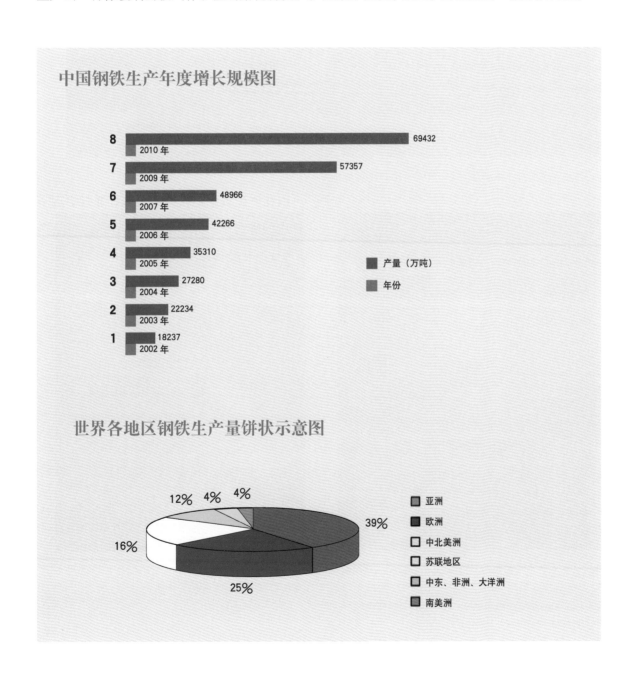

中国钢铁生产年度增长规模图

世界各地区钢铁生产量饼状示意图

▲ 这是高温运行中的钢炉。工人们身穿防护服采集样品，然后在炉子旁边对钢的成分进行检验。

▲ 这些灼热的石墨电极已经离开了电弧炉，因此炉子就被腾空了。电弧炉通常用于制造高质量的合金钢。这种炉子利用电力加热，而不是靠矿物燃料加热，因此，钢就不会被燃料中的碳污染。当金属在电极之间行进时，电弧就将金属加热了。

▲ 钢水倒进铸模制成铸钢。当这种金属冷却后，梯形结晶体结构就被称作树枝形结晶。

铸铁

　　铸铁是将生铁和焦炭装入化铁炉内，经过熔化处理而成。生铁熔化时，其中一些碳被熔解排放，然后把经过精炼的铁水倒进铸模中使其成型。当它冷却时，就会缓慢膨胀，填满铸模。

　　铸铁含碳量比较高（2% ~ 4%），使这种金属变得易脆。因此，仅有少数东西，如家用锅炉、钢锭铸模，以及排水井盖等是用铸铁制造的。

熟铁

　　在亨利·贝西默发现如何制造廉价的钢之前，熟铁和铸铁多用于生产结构部件。这两种铁中，熟铁要坚固一些，含碳量较少（小于 0.5%）。然而，它的制造方法复杂，而且并不像大多数现代钢材那样坚固。现在，只有那些金属装饰品、链条、钩状物和栅栏，才是用熟铁制成的。

炼钢

　　钢是由生铁水制成的。在制造过程中，生铁的含碳量被降到了 0.03% ~ 2%，而且诸如硅、硫、磷等杂质都被去掉了。

　　有些钢要添加一些其他的金属，才能改变其特性，这样就形成了合金钢。在不锈钢中含有钢、铬、镍。铬和镍都能改善钢的抗腐蚀性。

微观结构

　　铸铁慢慢冷却时，或者当它的硅含量超过 3% 时，碳原子进入其中，形成片状石墨粉粒。在显微镜下，这些粉粒看上去就像黑色的蛇。它们使这种被称为灰色铸铁的铁变得很软，并易于进行机器加工。

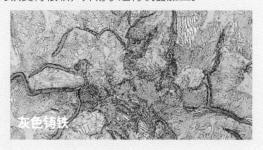

灰色铸铁

　　球状的石墨铸铁大而坚硬。这种铁是通过向熔化的铸铁水中添加微量镁元素而制成的。镁能使铁中的碳原子群团聚在一个很小的范围内。在显微镜下，它们看上去像一个微小的黑圆圈。

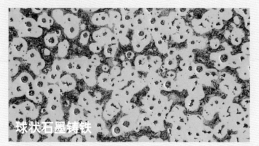

球状石墨铸铁

　　钢的含碳量比铸铁低，其特性受到碳含量和其他合金分子的控制。低碳钢（碳含量 0.10% ~ 0.25%）软、易于成型。它们可以被拉成钢丝，或经过轧制后制成汽车用的薄钢板。中碳钢（碳含量 0.25% ~ 0.60%）比低碳钢的强度大一些，硬一些；高碳钢（碳含量 0.60% ~ 1.30%）非常硬，不受热的影响，因此，经常将其用于制造钢锯和钻头。这张电子扫描微型照片展示了钢制金属碳化物在铸造后冷却下来形成的树枝结晶。

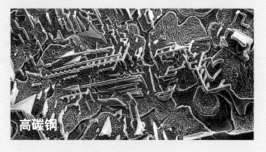

高碳钢

填充炉子
填料通过不可返回式阀门进入炉内，因此，来自炉内气体的热量可以循环而不会丧失。

在氧气顶吹转炉中
生铁在氧气顶吹转炉中约40分钟后变成钢。氧气通过一根管子或者一根吹氧管，被吹进炉子中。

高炉
高炉是一个高约60米的钢塔。这种炉子是用耐火砖（一种抗高温的陶瓷砖）垒起来的。

钢
炉子填料的构成有废钢、生铁、各种合金金属和石灰。

合金金属

石灰

钢水

从矿石到铁
在高炉内部，矿石中的氧化铁变成铁，矿石中其他杂质发生反应形成熔渣，这是一种像玻璃一样的物质。

生铁水

废钢材

氧气顶吹转炉

矿渣

炉渣
炉渣被压到一起，并被制成铁路道砟、混凝土、有孔砖，或者渣棉（绝缘用）。

原材料
铁矿石、焦炭和石灰石混合到一起，有时会被加热形成一种填料。这种填料装到高炉的顶部，当它在高炉中下降时，会遇到一股上升的热空气。

烧结

石灰石

颗粒状矿石
某些矿山将矿石加工成颗粒状，再用货船装运出口到其他国家。

铁矿石

炼焦炉
在密闭的空间中对煤进行加热，将煤变成焦炭。

煤

石灰石
将石灰石添加到填料中，能让它与矿石中的杂质反应并形成矿渣。

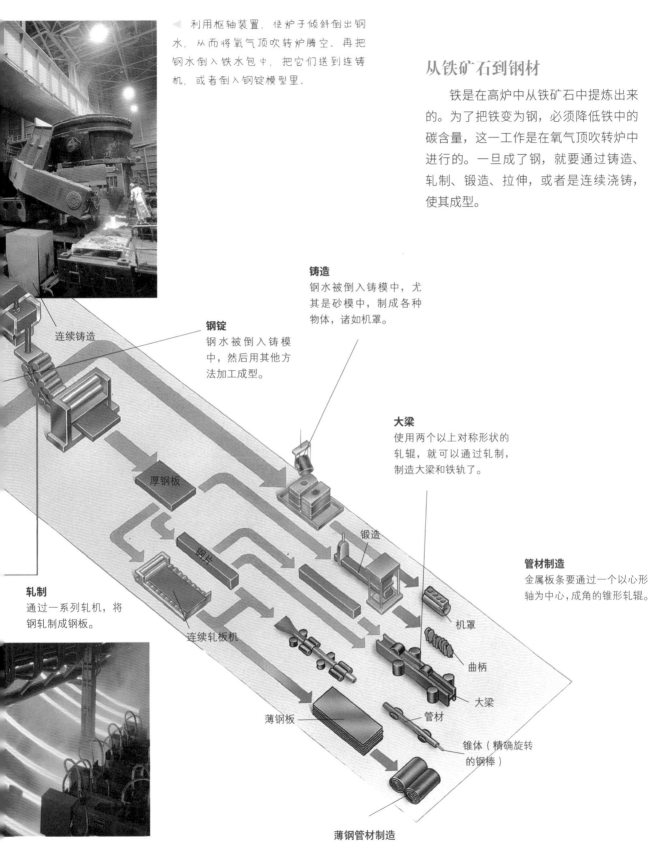

◁ 利用枢轴装置，使炉子倾斜倒出钢水，从而将氧气顶吹转炉腾空。再把钢水倒入铁水包中，把它们送到连铸机，或者倒入钢锭模型里。

从铁矿石到钢材

　　铁是在高炉中从铁矿石中提炼出来的。为了把铁变为钢，必须降低铁中的碳含量，这一工作是在氧气顶吹转炉中进行的。一旦成了钢，就要通过铸造、轧制、锻造、拉伸，或者是连续浇铸，使其成型。

铸造
钢水被倒入铸模中，尤其是砂模中，制成各种物体，诸如机罩。

钢锭
钢水被倒入铸模中，然后用其他方法加工成型。

连续铸造

大梁
使用两个以上对称形状的轧辊，就可以通过轧制，制造大梁和铁轨了。

厚钢板

锻造

钢片

管材制造
金属板条要通过一个以心形轴为中心，成角的锥形轧辊。

机罩

曲柄

大梁

轧制
通过一系列轧机，将钢轧制成钢板。

连续轧板机

薄钢板

管材

锥体（精确旋转的钢棒）

薄钢管材制造

△ 钢水流入经过水冷却后连续铸模的一端，然后由辊子支撑着，呈红色的热钢条从另一端出来。

氧气顶吹转炉

大多数的钢是在氧气顶吹转炉中制成的。生铁水和废钢填料被倒进炉中，氧气和有时候添加进去的石灰被吹到表面。氧气与铁中的碳元素发生反应，产生一氧化碳，石灰与熔化金属中的其他杂质发生反应，形成矿渣。碳含量降到一定程度，其他的杂质也去掉之后，这一反应过程就停止了，钢和矿渣就从炉子中被排放出来。

电弧炉

用电弧炉能生产出高质量的合金钢。这种炉子是通过顶上悬挂的能够跨越三根碳电极的电弧进行加热的。电弧发出的强热能够迅速将填料熔化。

填料由废钢材、石灰、氟石和生铁水组成。石灰和氟石与金属杂质一起形成矿渣。一旦去掉矿渣，就要对钢的化学成分进行分析，并添加特定数量的合金金属。

钢铁生产技术

从选矿到冶炼钢铁的机器，以及钢铁冶炼的过程。钢铁的冶炼生产，含有越来越多的高技术。其中为了延长高炉炉衬的使用寿命，人们先后对高炉的冷却器、冷却系统、耐火材料、炉衬维护等进行了改造，并且对高炉操作有一套完整的规范要求。应用高炉长寿技术，可以为冶炼钢铁节省大量维修费用，有利于钢铁企业均衡稳定生产。我国目前最好的高炉，寿命在 10 年左右。

铝

就在 100 多年以前，铝比黄金还贵。我们要感谢一个美国人和一个法国人，用他们发明的方法，铝在今天可以被很轻松地从铝矿石中提炼出来，并制成从飞机到巧克力包装纸等一系列的产品。

铝是一种用途非常广泛的金属。它密度小、耐腐蚀、无毒性，是良好的导体，也是很好的光和热的反射体。它可以和其他金属形成合金，从而变得更加坚固。这些性质让铝成为一种非常受欢迎的生产原料——事实上，它是仅次于钢的使用最广泛的金属。

由于密度小，铝在很多方面都取代了密度较大的金属，以节约能量和原材料。现在，高压输电线是用铝做的（以钢作为辅助），取代了密度较大的金属铜。很多交通工具，例如飞机、汽车和自行车的部分框架与零件都是由铝合金制成的。

▲ 这些银光闪闪的马拉松运动员不是在为新型的烧烤用铝箔做广告，事实上，他们身上披的是铝毯，能把身体的热量反射回去，从而保持体温。

铝的提炼

1886 年，美国化学家查尔斯·霍尔和法国化学家保罗·埃鲁各自发明了一种能把铝从其他元素中分离出来的工艺。他们的方法在做了一点细微的改动之后，至今仍然是世界上最主要的生产铝的方法。这种方法被称为霍尔－埃鲁法，其原理是把氧化铝分解成氧气和铝。

自然界中的氧化铝是以矾土矿的形式存在的。矾土矿是一种黏土，除氧化铝外，还含有铁、锡和硅的氧化物。在用霍尔－埃鲁法加工氧化铝之前，要先把它从矾土矿的其他金属氧化物中分离出来。

将矾土矿溶解在热的氢氧化钠溶液中，就可以对氧化铝进行提纯。矾土矿中的氧化铝会溶解在氢氧化钠中并形成溶液，而其他的金属氧化物则不会溶解。把不溶的金属氧化物过滤掉之后，再将溶液冷却，氢氧化铝晶体就会析出。然后将氢氧化铝晶体从溶液中过滤出来，再进行加热，就可以得到纯净的氧化铝。

▲ 许多自行车的骨架都是由坚固且不生锈的铝合金制成的，这使得它们可以被常年骑行在潮湿泥泞的山路上。

▲ 铝在如图所示的电解池中从氧化铝中被提炼出来。这个过程需要消耗大量的电能，所以冶炼厂通常都有自己的发电站。

▲ 铝和铝合金在一个高度自动化的生产车间里被塑型，与此同时，一个技师在控制室里严密监控着这个流程。

电解质和电解

氧化铝是一种电解质，这意味着它在固态时无法导电，但是在熔融状态或者溶解于其他液体之中时就可以导电。所有的电解质都是离子化合物，当它们处于固态时，正离子和负离子被牢牢地束缚在晶格上。然而，当它们变成液态时，离子就可以自由地朝任何方向流动，从而形成电流。

当电流通过电极传入并传出液态的电解质（电解液）时，电解质就会导电。连接电源正极的电极称为阳极，连接电源负极的电极称为阴极。

氧化铝在一个被称为电解的过程中分解为铝和氧气。电解是指电解质溶液在通电后进行氧化还原反应的过程。当氧化铝导电时，它会分解为铝原子和氧气分子。

霍尔 - 埃鲁法

霍尔和埃鲁发现氧化铝在 950℃ 时，可以在熔融的冰晶石（一种由钠、铝和氟组成的化合物）中发生电解。现在，铝是在一种特殊的电解池中生产出来的，这种电解池以碳为电极，以

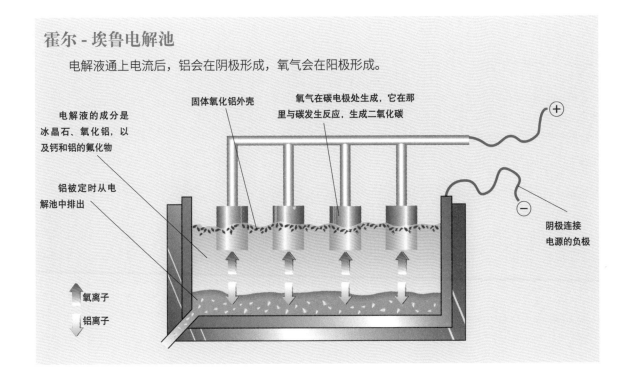

霍尔 - 埃鲁电解池

电解液通上电流后，铝会在阴极形成，氧气会在阳极形成。

固体氧化铝外壳

氧气在碳电极处生成，它在那里与碳发生反应，生成二氧化碳

电解液的成分是冰晶石、氧化铝，以及钙和铝的氟化物

铝被定时从电解池中排出

氧离子

铝离子

阴极连接电源的负极

溶解于冰晶石中的氧化铝作为电解液。在电解液中，还要加入少量的钙和铝的氟化物，以降低它的熔化温度。

当电流作用于电解液时，氧化铝中带负电的氧离子就会运动到阳极，而带正电的铝离子则会运动到阴极。然后氧离子会在阳极失去多余的电子，形成氧气分子；带正电的铝离子会在阴极得到电子，形成铝原子。

电解生成的铝会堆积在电解池的底部，并被定时排出，倒入锭模中。与此同时，氧气会缓慢地燃烧掉阳极的碳，产生二氧化碳，因此电极必须定期更换。

油

油是一种不溶于水的黏稠液体，它们被广泛地应用于现代工业中，为工业发展起到了巨大的推动作用。

油可以用作汽车、火车、轮船和飞机燃料，还能使机器运转得更加顺畅。它们也被广泛地应用于化学工业中，用来生产香水、塑料玩具等产品。它们甚至被用来烹制食品，比如油炸里脊、油焖大虾等。

油可以分为3类：矿物油、油脂和精油，它们均来自生物有机体。矿物油由地下原油提炼而成，而地下原油是由史前海洋生物遗骸形成的；油脂是从动物脂肪、果肉和种子中提取出来的；精油则萃取自植物的某一特定部位。

▼ 能够萃取出精油的植物大约有3000多种。精油通常萃取自植物的某一特定部位，比如根、叶、花和果实。

紫罗兰　　　杏　　　肉桂　　　玫瑰　　　橘皮

▲ 在马尔维纳斯群岛战争期间，英国皇家空军经常会在飞行中途对飞机进行煤油补给。煤油属于矿物油，是从原油中提炼出来的。

矿物油

原油经过真空蒸馏后分离出一系列馏分物，矿物油便是在这些馏分物的基础上提炼而成的。每一种馏分物中都包含有一组沸点相似的化合物。

所有矿物油都是由碳元素和氢元素组成的化合物，即碳氢化合物，简称烃。如果烃中的碳原子以共价键的形式连接成链状结构，即为脂肪烃。原油经过上亿年的演化才得以形成，因此，其中大多数烃分子都比较稳定，不易发生化学反应。在被称为"烷烃"的碳氢化合物中，每两个电子形成一个共价键，这种共价键被称为共价单键。仅含有共价单键的化合物被称为饱和化合物。

烷烃具有很好的稳定性，化学性质很不活泼。因此，它们不易转化为用途更为广泛的其他化学品。原油中的烷烃通常被用作燃料。短链烷烃被用作气体燃料，比如露营燃料；长链烷烃

近距离观察油

油是含有碳元素的有机化合物。

矿物油

下图所示的碳氢化合物为戊烷，这种烷烃存在于石脑油（一种原油馏分物）中。当石脑油裂解成烯烃和汽油时，戊烷被分解为乙烯（一种含有共价双键的烯烃）和丙烷。

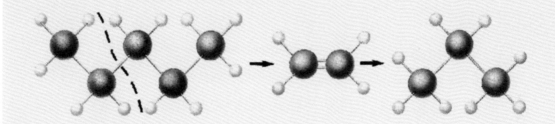

油脂

油脂由氢原子、碳原子和氧原子组成。每一个油分子都是由三条碳链连接而成的"E"形化合物。通常情况下，至少有一条碳链含有 15 个以上的碳原子。

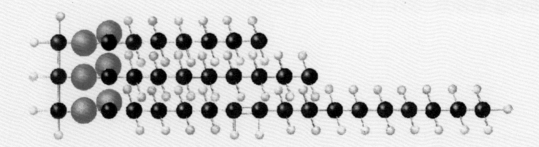

精油

精油是包含 200 ~ 300 种不同化合物的混合物。右图所示的是香草醛，它是从香草油中提取出来的。香草醛通常被用作食品增味剂，可以添加到冰激凌、蛋糕、饼干和糖果等食物中。

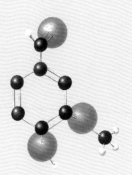

则被用作汽油、煤油、柴油和重质燃料油。其余的烷烃通过裂解反应被分解为更小的烷烃。

一种被称为"石脑油"的馏分物能够裂解为乙烯、丙烯、甲烷和汽油。石脑油是由 5 ~ 12 个碳原子组成的烷烃化合物。在裂解的过程中，烷烃分解生成小分子链烃，其中既有饱和链烃也有不饱和链烃。不饱和链烃称为烯烃，其化学结构中至少包含一个共价双键。一个共价双键共用两对电子。

与烷烃相比，烯烃的化学性质比较活泼。因此，它们通常被用作化学工业的原材料。塑料、溶剂、涂料、合成橡胶、纺织纤维、化学肥料、清洁剂和化妆品都是烯烃类产品。

油脂

油脂包括动物油、植物油和海洋石油。油脂是脂肪和油的统称。在室温下，呈液态的油脂称为油，呈固态的油脂称为脂肪。长链饱和油脂在室温下接近于固态，因此常被制成脂肪；短链不饱和油脂则接近于液态，因此常被制成油。

动物油脂比植物油脂含有更多的饱和分子，因此，它们通常为脂肪。通过煮沸法或者高温蒸煮法能够使动物体内的脂肪转化为油，并渗出体外，从而达到提取动物油脂的目的。

只要是从植物种子或者果实中提取出来的油就被称为植物油。向日葵、玉米、大豆和油菜都能用来提取植物油。通过加热、加压或者化学方法，可以从这些植物的果实或者种子中提取出既营养又健康的油。但是，在提取之前，必须将之清洗干净。

精油

精油萃取自植物体内的芳香物质。芳香物质属于挥发性有机物，这是因为它们极易从液态转化为气态。气态的芳香物质使得各种树木和花草拥有了属于自己的独特气味。

精油可以用作食品增味剂。比如，在薄荷糖中添加薄荷精油后会使薄荷糖的味道更为纯正。有些精油因其清香的气味而被添加到香水和其他美肤产品中，比如薰衣草精油。有些精油甚至能够用来治疗疾病。比如，添加有鹿蹄草精油的药膏能够治疗肌肉疼痛。

精油的原子结构不同于矿物油和油脂。它们虽然也含有氢元素和碳元素，但是碳原子并不形成链状结构。精油的碳原子通常形成正六边形结构，称为苯环。含有苯环的油通常会释放出强烈的香味，因此，精油又被称为芳香族化合物。

橄榄油的制作过程

橄榄油是一种优质食用油，常用于传统的希腊菜和意大利菜中。它是从橄榄树中提取出来的。

橄榄果成熟以后，果实为黑色，并且比较柔软。位于果实中央部位的种子则坚硬如石。

随着水压的升高，橄榄浆被压榨成橄榄汁。在压力的作用下，橄榄汁冲出水压机，进入离心分离机中。

清洗之后的橄榄果通过传送带被送至压榨机中。压榨机内安装有两个钢辊或石辊，它们将橄榄果压挤成橄榄浆。

随后，橄榄浆被送至一个大型水压机中，水压机内分很多层，层与层之间由薄金属板隔开。

橄榄汁是水和油的混合物。当它们在离心分离机中旋转时，密度较大的水会从密度相对较小的油中分离出来。之后，橄榄油被送进毛布过滤器中进行过滤。离开过滤器后的橄榄油被送进储油罐中静置、澄清。

催化剂

催化剂可以促进化学反应的进行，但催化剂并不因化学反应而自身有所变化。

当催化剂最先被发现时，它看起来就像在变魔术一样。以前需要几天时间才能完成的化学反应，在催化剂的作用下，只用几个小时就可以完成了。从被发现到现在，催化技术得到了很大发展。

在化学工业里，人们花了大量的时间和精力来研究催化剂。好的催化剂能够降低化学反应的温度和压力，因此制造化学产品的生产设备就没必要一定要能承受超强的压力和温度。这就意味着生产设备和运作成本会大幅降低，化学反应也会在更短的时间内完成。

自然界里有天然的催化剂——酶。生物的运动、成长、呼吸和饮食，都是通过化学反应来完成的，而这其中又有多数化学反应是在酶的帮助下提高了反应速度。在工业中，食物、医药、清洁剂、纺织品、纸张、葡萄酒和啤酒的生产都离不开酶。

催化反应

人们利用催化剂可以提高化学反应的速度，这被称为催化反应。大多数催化剂都只能加速某一种化学反应，或者某一类化学反应，而不能加速所有的化学反应。

催化剂并不会在化学反应中被消耗掉。不管是反应前还是反应后，它们都能够从反应物中被分离出来。不过，它们有可能会在反应的某一个阶段中被消耗，然后在整个反应结束之前又重新产生。

你知道吗？

触酶转换器

如今，在许多汽车的排气系统上，都安装有触酶转换器（催化式排气净化器），用来降低空气污染。那些有毒的汽车尾气，如一氧化碳和烃，通过钯和铂组成的催化剂，被转化成安全的惰性气体。

在转换器中，有一个类似蜂巢的结构，上面有许多小珠子，催化剂就被涂在这上面。这样能保证汽车排放的尾气与催化剂尽可能地大面积接触。

▶ 图中是美国得克萨斯州的一间原油炼制车间，原油就是在这里被加工出来的。在精炼过程中，通过二氧化碳和氧化铝组成的催化剂，重的长链分子被分解成轻的短链分子。这一过程通常被用来生产像汽油这样的轻油分子。

寻找一条更容易的路径

催化剂帮助反应物更快地完成反应。如果把化学反应比喻为一个骑脚踏车的人正在登一座陡峭的山，那么催化剂就像另一个骑脚踏车的人，他示意骑脚踏车登山的人，绕着山脊前往目的地会更快而且更省力。

骑脚踏车登山的人
——化学反应

骑脚踏车沿山侧行驶的人
——催化剂

▲ 工人正在检查用钯和铂织成的圆形薄纱，看看它是否完整。在硝酸生产中，这种薄纱被用来作为催化剂，加快氨水的氧化速度。硝酸通常被用来生产肥料、合成纤维、炸药和染料。

▲ 这只患有"白化病"的青蛙很难在野外长期生存，因为它很容易被自己的猎食者发现。它的皮肤之所以苍白，是因为它的体内缺少能够合成皮肤黑色素的酶。

固体催化剂被碾碎后，涂抹在多孔载体上，以便尽可能地与反应物的表面接触。反应物与催化剂的接触面积越大，化学反应的速度就越快。

催化剂的种类

催化剂有3种类型，分别是：均相催化剂、多相催化剂和生物催化剂。

均相催化剂和它们催化的反应物处于同一物态（固态、液态或者气态）。如果反应物是气体，那么催化剂也会是一种气体。笑气（四氧化二氮）是一种惰性气体，被用来作为麻醉剂。然而，当它与氯气和日光发生反应时，就会分解成氮气和氧气。这时，氯气就是一种均相催化剂，它把本来很稳定的笑气分解成了组成元素。

多相催化剂和它们催化的反应物处于不同的物态。例如在生产人造黄油时，通过固态镍（催化剂），能够把不饱和的植物油和氢气转变成饱和的脂肪。固态镍是一种多相催化剂，被它催化的反应物则是液态（植物油）和气态（氢气）。

　　酶是生物催化剂。活的生物体利用它们来加速体内的化学反应。如果没有酶，生物体内的许多化学反应就会进行得很慢，难以维持生命。大约在37℃的温度中（人体的温度），酶的工作状态是最佳的。如果温度高于50℃或60℃，酶就会被破坏掉而不能再发生作用。因此，利用酶来分解衣物上的污渍的生物洗涤剂，在低温下使用最有效。

自己做实验

酶吃鸡蛋

　　用水和洗涤剂制造出两种溶液（一种是生物洗涤剂，一种是非生物洗涤剂），然后把它们分别倒进两个瓶子中，再分别放入数量相等的煮熟了的鸡蛋白。再把两个瓶子都放在一个温暖的地方。两天后你会发现，在那个装生物洗涤剂溶液的瓶子里，鸡蛋白好像被什么东西啃了似的，那就是生物洗涤剂中所含的酶。溶液中的酶分解了鸡蛋白分子，它与我们身体内的酶消化食物的原理是一样的。

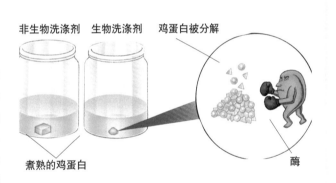

非生物洗涤剂　　生物洗涤剂　　鸡蛋白被分解

煮熟的鸡蛋白　　　　　　　　　　酶

负催化剂

　　负催化剂（抑制剂）能降低化学反应的速度。有一些负催化剂被用来作为食品的添加剂，能延缓食品的腐坏；而另外有一些负催化剂则被用来延缓塑料或橡胶的老化。

形状和纹理

试着把曲别针反复拉直、弯曲几次之后，它就会断裂。而橡皮筋无论折几次都不会断裂，只有在你将橡皮筋拉得太长的时候它才会绷断。固体对力的反应取决于它们的质地和属性，其次决定于它们的结构、化学键类型及构成元素。

固体、液体和气体对各种成形力的反应，如它们在我们手指中表现出来的强度，取决于原子间的化学键类型。在固体中，原子借助强化学键结合在一起，每个原子都处于与相邻原子相对固定的位置上。这种坚固的原子结构使每种固体物质都具有独特的形状。

液体和气体

就像在固体中一样，液体中的原子或分子也是紧紧地挤在一起，但它们并非处于固定位置。当以热的形式向固体施加能量时，固体就会转变成液体。随着温度的升高，固体中的化学键的振动越来越剧烈直至最终断裂，这是因为分子会相互碰撞，就像在口袋中翻滚的稻谷。这种自由的移动促使液体成为流体（可自由流动）。

气体中的原子或分子占据着广阔的空间，以流体运动形式进行独立运动。原子之间广阔的空间意味着气体可以被压缩，这与固体和液体不同。

由于液体和气体都是流体，所以它们没有固定的形状，而是自身不断扩散直至充满所处的容器。比如茶水就会呈现为茶杯的形状，除非茶水从杯中溢了出来，而在溢出的情况下，重力会使茶水滴落并流到地板上。填充到气球里的空气受到限制，但如果气球破了，里面的空气就会跑出来并散入到周围的空间中。

固体的属性

流体材料不受拉伸、弯曲或扭力的影响，它们只是围绕着力流动而后形成新的形状。而固体具有强原子键，因此固体无法围绕力进行运动，要么将力消减，要么固体变成新的形状或者被力破坏。

固体的受力反应很重要。用玻璃球进行足球比赛是很愚蠢的，因为玻璃很可能因为用力地一踢而碎裂，或者使踢球者的脚趾受伤。设计师和工程师必须清楚在不同环境下材料会产生何种反应，换句话说，他们需要知道材料的属性。

每种固体都具有自己独特的属性组合，如硬度、强度和孔隙率，这些都要经过精确的测定和记录。这些属性会在温度和压力等不同条件下发生变化，因此条件的变化也必须记录下来。

▲ 图中的动画人物是用雕塑黏土做成的，这些人物的动作和重塑幅度非常小，因此要将许多单个镜头组合起来才能完成一段情节。人们之所以广泛使用雕塑黏土，就是因为它可以多次塑性变形而且不会破裂。

强度

将材料结合在一起的力使固体具有了强度。大多数金属的结构使它们与塑料相比具有更高的强度，我们可以想出金属刀的使用寿命会比塑料刀长得多，这是因为金属是通过强的原子间力结合在一起的，而塑料的分子是通过较弱的分子间力结合在一起的。

由于金属的反应会在不同条件下产生变化，人们会采取不同的强度测量方法。例如一座桥梁必须承受路上车辆施加的方向向下的推力，这种向下的推力被称为压缩力。支撑桥梁的桥墩必须能够承受这种压缩力，因此一些抗压强度较高的材料，如混凝土，就常被用于制作桥墩。

有的材料则能很好地承受拉力（张力）。悬索桥上的缆索被设计用于承载桥梁的负荷，因此这种缆索必须具有很高的抗张强度，如钢索。

弹性和塑性

蹦极时，用多股橡胶绳拧成的绳索在最终反冲定形前，会几次恢复其自身长度。而金属铜却可以被拉成铜丝和铜管，并可在拉力消失后继续保持改变后的形状。

像橡胶这种材料，会在受力后改变形状，并在力消失后恢复原状，这种属性就是弹性。但像铜和雕塑用的黏土则会在力的作用下永久变形，这种属性被称为塑性。

同大多数材料的属性一样，弹性和塑性属性间的差异是由材料中的原子键造成的。例如表现为弹性的橡胶的分子结构是由互相缠绕、有时又会与其他分子链结合在一起的长长的链状分子组成的，当橡胶受到拉力时，这些分子链会伸直，然后一旦拉力消失，分子链就会恢复成原

▶ 当蹦极的人从高空跳下时，他们是依靠橡皮绳的强度和弹性来控制和支撑身体以使他们不断升高、下降的。

成形力
力可以从各个方向作用于材料并以不同的方式改变材料的形状。

扭转力
扭矩是试图使固体的一部分相对于另一部分产生转动的扭力。例如当我们用橡皮筋带动玩具飞机的螺旋桨转动时，橡皮筋受到的力就是扭转力。

压力
气体或液体作用于某个物体的整个表面的力就是压力。作用在潜水艇表面的水压试图把潜水艇的体积压小。而作用在气球或轮胎内壁的气压则会向外推拉它们的"皮肤"。

来的随机顺序。

　　铜等软金属的原子是按规则的片层结构进行排列的。当铜被拉成铜丝时，这些片层会发生相对滑动，使金属发生塑性变形（改变形状）。这种形状的变化是永久性的。

　　多数固体在一定程度上来讲也是弹性的。当你走在厚木板上时，木板会下陷，但当你离开后木板又会伸直。只有在某种材料拉伸得过长时，它才不会恢复到原来的形状。一旦超过这个限度，材料的属性就会变成塑性，即保持永久拉伸状态直至最终断裂。弹性和塑性之间的这个转化点被称作弹性极限。

你知道吗？

打破的玻璃

脆性材料容易打破，这是由它们的分子排列方式造成的。如果这种材料受到拉伸或压缩，材料中的分子没有任何活动的空间，这就会使这种材料产生裂纹，进而扩散，最终导致破裂。裂纹扩展得非常快，它们会以每小时几千千米的速度扩展，因此在我们看来破裂只是瞬间发生的事情。

剪应力

作用在固体平行面的对向力使固体受到剪切。例如当擀馅饼时，擀面杖是朝一个方向推馅饼皮，而馅饼皮内部的摩擦力则将馅饼皮拉向了另一个方向。这就使固体的各部分相对滑动。当通过在横梁一端悬挂重物而使之弯曲时，就会沿梁臂的方向产生剪应力。

压缩力

压缩力是张力的反作用力，当某种物体受到挤压时，这种物体就受到了压缩力的作用。对圆柱的两端进行施压会使圆柱弯曲或起皱。

张力

作用在缆绳或绳索一端的张力会使之受到拉伸，并使绳索变得更长更细。

◀ 皮肤具有很大的柔韧性和弹性，阿尔弗雷德·海兰经常表演的变脸就证明了这一点。然而，随着皮肤的老化，皮肤的弹性会逐渐消失并开始起皱。

硬度和柔度

硬性材料不易在受力条件下被刻画或磨损。而柔软的材料则容易变形，甚至会在受力后破裂。因为在材料相互接触时，硬性材料会磨损较软的材料，所以材料的相对硬度是非常重要的。

金刚石是最坚硬的天然材料，它由碳原子组成。石墨也是由碳原子组成的，但非常柔软。碳原子在金刚石和石墨中的排列方式不同决定了它们之间的硬度差异。

◀ 在慢慢冷却成硬性材料以前，熔化的玻璃可以被吹成复杂的形状。人们利用热玻璃具有柔韧性这个优点进行制造已有 2000 多年的历史了。

摩氏硬度计

最初，摩氏硬度计是用于对比不同类型矿石的相对硬度的，如本图中所列的各种矿石。然而，几年后，该硬度计已被用于多种材料，特别是陶瓷制品。

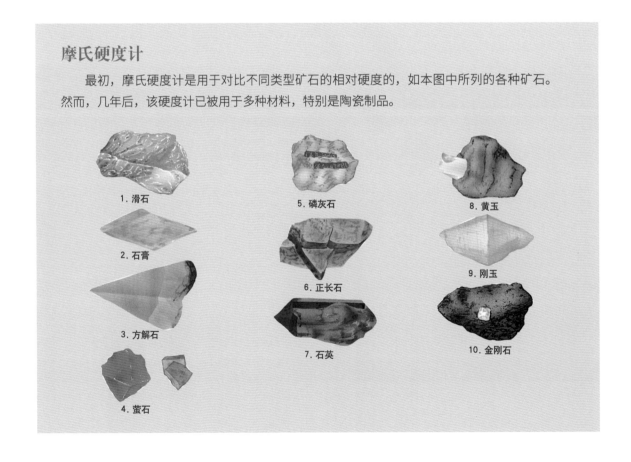

1. 滑石
2. 石膏
3. 方解石
4. 萤石
5. 磷灰石
6. 正长石
7. 石英
8. 黄玉
9. 刚玉
10. 金刚石

1822 年，一位德国科学家弗里德里希·摩斯发明了一种测定硬度的方法。他将 10 块天然矿石按照硬度增加的顺序编为从 1 到 10 共十个等级。除了硬度最大的金刚石，每种材料都可以被用比它高一等级的材料在其上进行划刻。

脆性和韧性

脆性材料是指那些易于破碎的材料。它们在破碎前不会显示出任何弯曲、压扁或拉伸的迹象。那些可以通过弯曲、压扁或拉伸而重新塑形，同时又具有适当强度的材料则是韧性材料。

玻璃在室温下是很脆的，但被加热后就可以很容易地使之成形。另一些材料，如橡胶自行车轮胎，起初十分坚韧，但在经过长期的日晒雨淋后就会变得比较脆，当有人骑在自行车上时，轮胎边缘就会产生细小的裂纹。

孔隙率和渗透性

具有微孔的材料被称为渗透性材料。如果这些小孔直通到材料表面，气体或液体就会渗入这种物质，而形成该物质的材料就被称为可渗透性材料。如果相反，则被称为不可渗透性材料。

隐形眼镜可以被气体渗透，使氧气能够到达眼睛并保持眼睛健康。而游泳池中的瓷砖则是不可渗透的，以防止水从池中渗出。

海绵多孔、柔软而且具有可渗透性，因此我们可以用海绵来清洗身体。厚厚的羊毛套衫也是多孔并可渗透的。羊毛纤维间的微孔含有空气，这些空气可以起到绝缘体的作用，为身体保暖。但如果下雨，羊毛套衫的孔隙率意味着它可以保存很多水，因此，我们会被淋得湿透，套衫也会变重。

多年以来，人们一直试图克服衣服的渗透性，但直到 1823 年才由查尔斯·麦金托什生产出了第一件防水服。他将棉花浸入用橡胶和松节油制成的混合物中制成了防水服。但这种防水服还存在一些问题，即会将人体排出的汗聚集在衣服里，因此穿起来很不舒服。

现在人们已经发明了一种仅有 10 微米厚的新型合成纤维。用这种纤维织成的布料表面的孔很小，水分子无法渗入，但汗液可以从中蒸发出来。

温度变化

称为聚乙烯的塑料属于热塑性塑料。这是一种能被重复加热和冷却的塑料，而且物理属性不会改变。由于它在温度超过100℃的情况下会变软，因此设计师不会用它制作放在微波炉中的托盘。不过，聚乙烯可被用于制作装牛奶的容器，因为它可以在较低温度下储存。

许多材料都会在很高或很低的温度下膨胀或收缩。当温度升至100℃时，1米长的铁条会膨胀1毫米，而黄铜棒则会膨胀将近2毫米。设计师和工程师已能够在许多日常用品的生产过程中充分利用金属的这些属性。

塑料

塑料不会像木头那样腐烂，也不会像钢铁那样生锈。它们质量很轻，能够被制成各种各样的形状，还能被处理成各种各样的颜色。

塑料是由长碳链构成的合成材料，它们不像金属那样坚硬，但是它们便宜、轻巧，容易利用现代大量生产产品的压塑方式成型。

商店招牌、衣服、沙发软椅、计算机外壳、足球、放大镜、玩具娃娃，甚至人工心脏都可以由塑料制成，或者其中含有塑料。从20世纪末开始，塑料就取代了许多传统材料，并填补了

▲ 如果没有用聚丙烯制作出来的塑料充气产品，海岸上的夏天将会是另外一种样子。

▲ 从上面看，这好像是一根支撑起天花板的巨大石柱。其实，这只是一根充气的聚乙烯管子，它是通过一个圆形的金属模具挤压出来的。

◀ 最早的合成塑料——酚醛树脂，因为具有良好的绝缘性能而被应用在了电话和电源的插座生产上。

新的材料市场的空白。从最初作为廉价的替代品开始——因为它们看上去像象牙、琥珀这样的天然材料，塑料逐渐成为一种应用广泛的材料，可以为各种不同的用途进行特制。

最初，塑料是以棉的天然成分——纤维素为原料，进行改良而制成的一种半合成聚合体。最早商业化的赛璐珞，被用来生产梳子的把柄、珠宝盒等产品。但是，这种半合成的塑料产品是可燃的（它们容易着火），而且在高温下会变软，如果用它来制作假牙就麻烦了，因为只要一喝热茶或热咖啡，假牙就会变软。1909 年，利奥·白克兰德解决了这一难题，他发明了世界上第一种合成材料——酚醛塑料，这种塑料耐热而且绝缘。

塑料的性质

自从酚醛塑料被发明出来，化学家们已经合成了大约 6 万种不同的塑料，每种塑料都有自己

你知道吗？

炸弹

1870 年，美国的海厄特发明了一种由半合成塑料制成的撞球。但是，由于其中的一种成分是可燃的，因此当两球相撞时，有时会发生剧烈的爆炸。在美国科罗拉多州的野外池塘中，这种类似枪声的巨响足以让礼堂中的每个男人拔出枪来。现代的撞球是由稳定的酚醛树脂制成的，虽然已经过时，但其外表闪亮可爱，所以仍然被使用。

独特的化学性质。最普通的塑料是防雨布，很容易擦干净，而且比金属更轻、更软、更薄（大约是结构钢强度的 1/6），比瓷或玻璃更柔软（但在低温下易脆）。

为了改善它们的特性，塑料通常需要和其他的材料混合，比如添加剂和填充物。例如黑烟末，就是一种粉末状的添加剂，用来提高塑料抗紫外线的能力。碳纤维被作为加固型的填充物添加到塑料中。网球拍、飞行器的面板，以及钓鱼线都是由含有碳纤维的塑料制成的，它们比钢更坚固，但是重量更轻。

聚合物的内部结构

塑料的性质取决于它的分子的组成元素，以及这些元素的连接方式。如果你把塑料内部结构想象成一个盛满银项链的盒子——这些银项链杂乱无章地混在一起，那么每一串银链就象征一个塑料分子，它被称为聚合物。

聚合物是由上百个，有时甚至是好几千个重复的化学单位组成的，就像一条项链是由无数的小银环连接起来一样，它们组合成了长链或者网状。聚合物也有天然存在的，如木头、橡胶，也可以人工合成。它们可以是有机的，也可以是无机的。

大多数的塑料都是通过聚合作用合成的有机聚合物。它包括可以起化学反应的被称为单体的小化合物，所以它们可以连接成为聚合物。绝大多数现代塑料都是由从原油中提炼出来的单体聚合而成的。

塑料聚合物的长链通常由碳原子组成，但其他的成分，如氢、氯、氟、氧、氮等，也会与

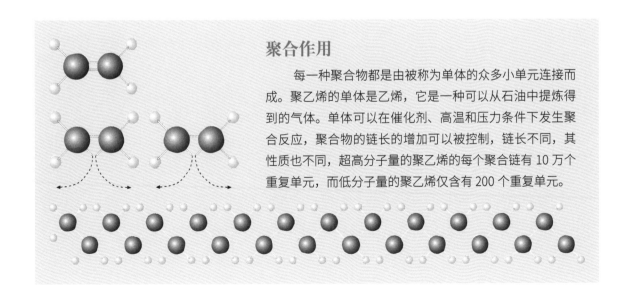

聚合作用

每一种聚合物都是由被称为单体的众多小单元连接而成。聚乙烯的单体是乙烯，它是一种可以从石油中提炼得到的气体。单体可以在催化剂、高温和压力条件下发生聚合反应，聚合物的链长的增加可以被控制，链长不同，其性质也不同，超高分子量的聚乙烯的每个聚合链有 10 万个重复单元，而低分子量的聚乙烯仅含有 200 个重复单元。

▲ 偏振光可以通过彩色光带显示出塑料内部的压力。每种颜色代表一个不同的压力水平。图中显示的是在成型过程中由不同的冷却率引起的压力。

▲ 用聚合的 2- 甲基丙烯酸甲酯可以制成体育锦标赛场地的理想墙壁。它比未经处理的玻璃粗糙，但却是透亮的，商店招牌和汽车的挡风玻璃也是由它制成的。

碳原子连接。塑料的性质随着聚合物内重复的化学单位的元素的改变而改变。例如聚乙烯由含有碳原子和氢原子的重复的化学单元形成，熔点为 130℃。聚氯乙烯的重复单元中除了一个氢原子被氯取代，其他的和聚乙烯完全相同。在聚合物结构中，仅一种元素的不同，就足以引起聚氯乙烯性质的改变，它的熔点高达 212℃。

　　聚合物长链的形状也影响着塑料的性质。很长的链，如超高分子量的聚乙烯的聚合链，容易形成紧密的平行排列，然后再形成微晶区域，所以它的密度很高。这种紧密结合的聚合体的水晶区域的空间很小，因此塑料的密度就高。延长聚合物链的长度，同样可以增加塑料的强度、硬度和耐磨性能。

　　然而，低密度的塑料，例如低密度聚乙烯，是由轻的、主链上有侧链的短链聚合而成，这些侧链阻止聚合链互相靠近形成微晶区域，所以形成了轻薄柔软的塑料。

▶ 在光缆出现前，人们使用铜丝制作电缆，电缆之间彼此用塑料绝缘，不同的颜色代表不同的电线。它们有不同的用途。

聚合物同样可以形成牢固的三维网状结构。聚合物长链上多个点相互连接在一起，可以形成一种、两种、三种，甚至更多的聚合物。由直链或支链聚合物形成的塑料被称为热塑性塑料，由网格状聚合物形成的被叫作热硬化性塑料。

热塑性塑料

热塑性塑料可以被压塑成各种形状，从简单的桶，到精巧复杂的航模零件。它们是通过在搅拌机中添加添加剂或填充剂，熔融并挤压出来，然后将挤出物质团成小球，最后将这些小球压塑成形。塑形阶段产生的废料再回收到挤压阶段，以便制出更多的小球。

热塑性塑料加热变软，冷却变硬，所以它们可以被多次塑型。它是许多单独的、直的或者带分支的链的聚合物。当它们被加热时，这些聚合物摇摆回折，就像水分子被加热时一样。达到某一温度时，聚合物会剧烈摆动，相互移位，这样塑料就变软、变形了。如果不再加热，聚合链的运动就会慢下来，并逐渐相互靠近，直到再次变为固体塑料。

▶ 轻巧的光盘是用聚碳连接板上覆盖的一层高光镀层材料制成的，镀层中包括记录层，然后在光盘外覆上一层干净、光滑的塑料就完成了。

▼ 多元酯可以用玻璃纤维增加硬度，生产过程中无需加热和使用高压，所以像船舱这样巨大的物体也很容易制成。

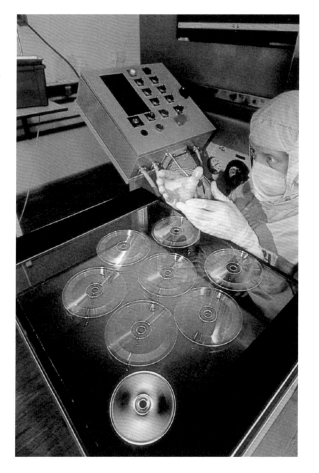

共聚物

如果一个聚合反应中同时有两种单体参与，那么生成的聚合物就会有两种重复单元，这叫共聚物。随机共聚物的重复单元是随机排列的。接合共聚物的一种重复单元的短聚合链连接在另一种重复单元的长聚合链上。由于这种长的分支链很难被制出来，所以比较稀少。

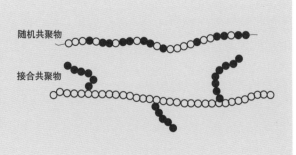

随机共聚物

接合共聚物

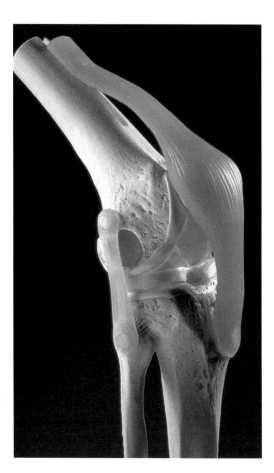

▲ 像图示中膝关节这样的人工骨骼，是由高密度的、无毒性的塑料制成的，它可以和身体的周围组织结合在一起。这种人造膝关节通常用来替代患有严重风湿性关节炎的膝盖。

聚乙烯、聚丙烯、聚氯乙烯和聚苯乙烯是最常用的热塑性塑料。聚乙烯可以用来制作胶片、包装袋、管子、瓶子、电缆包皮和家庭常用物品。聚丙烯可以制成瓶箱、汽车蓄电池盒、灌溉用水管。聚氯乙烯可以用来制作磁带、地板砖、窗框等。聚苯乙烯可以制成快餐盒等。

聚酰胺（通常所说的尼龙）和多聚甲基丙烯酸酯（聚合的 2- 甲基丙烯酸甲酯）是具有高承重能力的热塑性塑料。尼龙可以用在纺织工业和机械零件中，如机械轴承。聚甲基丙烯酸酯是透明的，常用在需要装玻璃和透镜的地方代替玻璃。

大开眼界

电视的发展

英国的交叉学科研究中心曾经研制出一种新型塑料，这种塑料可以使幻想变成现实。这种新型塑料可以涂上添加剂制成很薄的电视屏幕，像壁画一样被挂在墙上。

热硬化性塑料

热硬化性塑料中的聚合物在塑形时相互交联，形成三维网状结构。网格将聚合链牢牢固定在相应的位置上，使塑料变得又硬又脆。即使在加热时，网格也会阻止聚合链的运动。这就意味着热硬化塑料在加热时不是变软，而是会降解。

热硬化塑料的硬性和脆性可以通过减少聚合链的交联数或者加入填充剂来降低。大部分的热硬化塑料都可以通过和填充剂混合来改善它的抗压性、延展性、拉伸性等性质。然而，环氧基树脂不会收缩太多，而且有较高的拉伸性，所以它们很少被加入填充剂。

环氧基树脂和羟基甲醛、黑素甲醛、尿素甲醛、聚氨基甲酸乙酯、多元酯等，都是最常用的热硬化塑料。环氧基树脂可以用作黏合剂，特别是用在飞机零部件的连接上。甲醛类塑料，如羟基甲醛等，可以用来制作炊具柄、桌布、壁纸等；多元酯可以和玻璃纤维混合，用来制作船舱、钓鱼竿、家具等。

有机纤维

世界上每个人都会接触到有机纤维。大多数人都穿着有机纤维制成的衣服。它们还可以用来制作室内装饰材料、绳子、船帆、地毯、睡袋、机械零件、体育器材等。

有机纤维是由含碳原子的分子组成的一种微小、细长的材料。例如毛发就是一种有机纤维，它可以保暖，保护我们的眼睛及其他敏感部位。在大约5000年以前，人类就已经发现了有机纤维纺织品的保温性能和保护性能。不过，在过去的70年里，许多天然纤维，比如棉、毛、丝等，都被廉价的合成纤维取代了。

用于纺织工业的大部分合成纤维都是热塑性的，例如尼龙（聚酰胺）、聚酯纤维、丙烯酸类纤维、聚乙烯、聚氯乙烯，以及聚丙烯等。合成纤维比天然纤维结实，它们可以抗蛀虫、不会腐烂、易晾干，并且不起褶皱。并且它们的熔点很高，所以在被熨烫的时候不会熔化或分解。

合成纤维还可以用来增强其他材料，如水泥和橡胶在某方面的力量。水泥有很强的压缩力，但张力却很小，在水泥中加入聚丙烯就会增大它的张力。同样，高强度的纤维胶中的长纤维可以增强橡胶轮胎的韧性，防止其变形。

纺织业

天然纤维有的短（切段纤维），有的长（细丝）。毛、棉都属于短的切段纤维，而丝则是长细丝纤维。短纤维排列得较紧密，可以纺成纱。如果短纤维是卷曲的，比如毛，那么用它们纺成的纱体积就会很大。把几根短的细丝纤维纺织在一起，形成一根长纤维，用这种方法，我们可以制造出连续的长丝纱线。

模仿蚕吐出的上千米长的蚕丝，人们将合成纤维制成长长的细纤维。制作塑料纤维有三种方法：湿纺、干纺或者熔纺。

湿纺是使聚合物的溶液通过带有很多微孔的喷丝板进入到酸浴中，酸可以将聚合物溶液中的溶剂去除掉，最终形成固体纤维。干纺和湿纺的过程很相似，只是在干纺的过程中，聚合物溶液中的溶剂是用热空气将其挥发掉，而不是通过酸浴去除。

通过熔纺，我们可以把热塑树脂颗粒制成纤维。首先，将热塑树脂颗粒加热到它们的熔点，然后通过带有微孔的喷丝板将其挤到空气中，自然冷却，最后经牵拉制成纤维。牵拉可以增强纤维的张力。合成纤维的特性还可以通过其他途径来改变。有时可以将纤维卷曲变成波浪形来增强纱的绝缘性能。另外，还可以将不同的纤维混合起来制成合成纱，例如缝衣服用的缝纫用线一般是用一种由棉纤维和聚酯纤维混合制成的合成纱制成的。聚酯纤维提供强度，棉纤维则在缝纫的过程中充当绝缘体。如果没有棉纤维作为针和聚酯纤维之间的隔离物，由聚酯纤维制成的纱很可能会在工业缝纫机上熔化掉。这看起来似乎是不可能的，因为聚酯纤维的熔点高达 $220\,°C$。但是，针与布之间每分钟高达 7000 次的摩擦可以使针的温度升到 $200\,°C$ 以上。

你知道吗？

回收塑料

在英国北部的约克郡，人们会回收聚对苯二甲酸乙二醇酯（简称 PET）饮料瓶，然后将它们制成用于制作裤子和连帽雪衣的纤维。1 吨被回收的 PET 与少量的聚酯混合后，可以制成 2000 条裤子，也就是说平均每 10 个这样的饮料瓶就可以制成 1 条裤子。

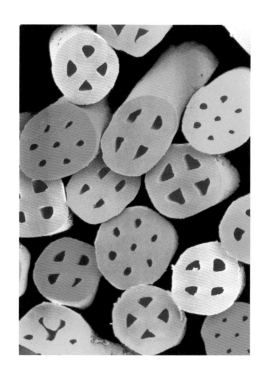

◀ 如图所示的这些用于制作睡袋的纤维，它们有可以增强自身隔热性能的气孔，热空气被控制在了纤维里面，而冷气则被挡在了外面。

▼ 现代的航船不再使用帆布船帆了，而是使用一种特制的纤维船帆，这种船帆非常结实，能够对抗强烈的飓风。

无机纤维

无机纤维使太空船可以顺利地返回地球，使消防队员可以在火焰中安全地穿行，还可以使爱斯基摩人用的皮船能够在急流中飞快地划行。

无机纤维，比如玻璃纤维和石棉，被我们广泛地用来作为保护房屋的隔热材料，它们可以使我们的房屋夏天保持凉爽，冬天保持温暖。现在，无机纤维的种类越来越多，并且每一种都有特殊的用途。例如用金属纤维纺织品制成的特殊服装是专供电缆维修人员穿的。金属纤维通过把电流从工作人员的身体传导到大地上或者传回电缆中，从而排除了工作人员意外触电的危险。水泥中危险的石棉纤维被碱性的玻璃纤维所取代。带有钨核的硼纤维具有很强的抗压能力，所以被用于制作火箭的外壳。

无机纤维是由金属、陶瓷、玻璃，以及一些多晶的材料，比如硼等制成的。有的无机纤维是连续不断的长纤维，也有的无机纤维是短的切段纤维。短的石棉纤维可以被纺成纱，织成布，制作消防员的消防服。赛车选手要穿由耐火材料尼龙制作的防护服，不过，为了能够在高温下反复使用，大多数时候人们会选择用石棉纤维纺织品来制作防护服，用它们制作的防护服最安全可靠。

◀ 黑色的复合型瓷砖被安装在美国航天飞机的头锥上，以便在航天飞机重返地球的时候来保护它的外壳。这种耐热的复合材料是将硅石、矾土，以及硼纤维混合在一起，在高温熔炉中制成的。

纤维经常会被添加到另外一种材料（基本材料）中，并与这种材料一起被制作成复合材料。复合材料结合了基本材料和纤维的性质，从而形成一种具有卓越性能的新材料。例如将强硬的玻璃纤维混合到塑料当中，这样制成的复合材料既具有纤维的硬度和强度，同时也具有塑料的耐化学性。

纤维科学

无机纤维，特别是被用于制作复合材料的无机纤维，它们最重要的性能就是超强的硬度、强度，以及较小的密度。然而它们的耐热性、适应性、导热性、导电性，以及成本等，也是我们制作纤维时要考虑的因素。

许多复合材料利用纤维，在不增加基本材料质量的基础上增加了其强度。飞机的机翼和机身就要用相对较轻的纤维来增加其强度，因为较重的纤维会增加飞机的质量，并且使飞机飞行时所用的成本增加。材料的密度，以及质量取决于其组成元素的原子的质量。所以，越来越多的无机纤维都是使用原子较轻的元素，如硼、氮、氧、铝、硅、镁等来制成的。

纤维的强度和硬度取决于其组成元素的原子之间的连接。离子键比共价键的键能要大，而共价键的键能又比金属键的键能要大。陶瓷材料，例如氧化镁、氧化铝，会形成大的离子晶格，从而使其非常的坚硬、结实，并且，这也使它们的熔点很高，这样，它们就成了在高温下应用的理想材料。

大开眼界

传话的玻璃

光导纤维（光学玻璃纤维）以脉动光的形式远距离地传输数字信息。仅一根由 144 根光导纤维制成的电话电缆就可以同时传输 4 万个电话。

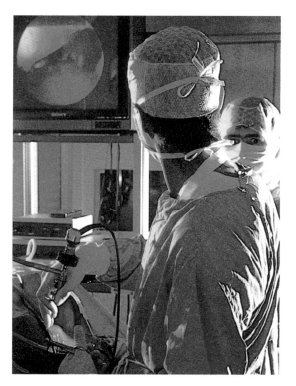

▲ 图中的医生正在用一种叫作"内窥镜"的管状仪器检查病人的肠道。内窥镜通过自然的开口或很小的切口进入病人的体内，然后这个仪器上的一小束光亮的光学玻璃纤维，会将病人体内的镜像传送到视频监视器上。

黏合剂

黏合剂是用来把两个物体的表面牢固而持久地结合在一起的物质。通过它们，既能把邮票贴到信封上，也可以把瓷砖粘到浴室的墙上。

植物和动物利用自身体内天然的黏合剂攫取食物、修筑巢穴已有上百年历史了。例如欧洲有种常见的捕虫堇（一种植物），它叶片上的腺体能分泌出一种黏黏的黏液，能像捕蝇纸一样诱捕昆虫。这种现象并不奇怪，因为我们使用的很多黏合剂都是利用天然胶质加工而成的。

天然的黏合剂被称为胶或树胶。胶是蛋白质的衍生物。动物胶是用动物体内的联结组织和骨头加工制成的。它是一种用途广泛的家用黏合剂，通常用来修复简单的破损，如厨房操作台上脱落的碾压板。树胶是用乔木或灌木的树液加工制成的，譬如多用于橡胶和皮革工业的乳胶，就是从橡胶树中提取出来的。

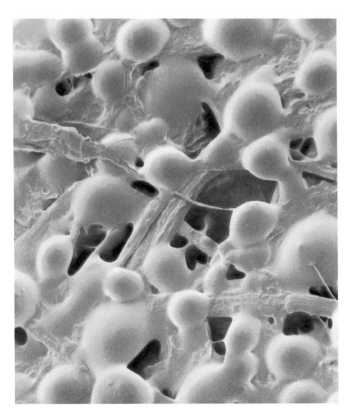

现如今，合成聚合黏胶取代了多种天然胶和树胶，因为它的适用范围更广，并且可以针对特殊工种专门设计。例如有的书用聚乙酸乙烯酯这样的塑料黏合剂来装订，它稳定性好，更牢固耐用。橡胶黏合剂则用来装订一些活页书籍，这样便于我们把每张书页从书上分离下来。

大多数合成胶的黏性很强，并且能将压力均匀地分散在整个黏结面，因此取代了许多传统的接合扣件，如

◀ 把留言便笺纸贴到物体上时，我们可以在大功率的显微镜下看到一些甲醛树脂气泡。这些气泡破裂并释放出膜状的黏合物质。

铆钉和插销，因为它们不仅使用起来比较麻烦，而且只能将接合的压力集中在自身周围，却不能延展到整个黏结面。

黏合科学

黏合剂的黏合效果取决于接合物的接合面（黏合物）。如果黏合剂能覆盖住被粘物表面的每一个细小角落和缝隙，就可以获得非常牢固的黏合效果。因此，常用的黏合剂基本上都是液态的。在黏合物的表面没有灰尘和污渍的情况下，强力黏合剂可以使被黏合物的表面完全湿润，使它们形成紧密的分子联结结构。

不过，黏合的力度还要取决于黏合剂和被黏合物表面原子及分子之间的化学键。例如一些溶剂型的可溶黏合剂通过弱化学键黏合物体。还有些通过范德瓦尔斯力（分子之间存在的一种只有化学键键能 1/100 ~ 1/10 的弱作用力，最早由荷兰物理学家范德瓦尔斯提出来，所以被称为范德瓦尔斯力）黏合物体表面。

你知道吗？

冒火花的信封

有时，在昏暗的光线下打开自动封口的信封（这种信封的封口上带有一层黏胶），会看到封口的黏胶上发出微弱的蓝色火花。这些电火花，就像微型闪电一样，它是在信封的封口被打开的时候，封口两边的电子重新排列时产生出来的。

这就是物质黏附力的静电理论，而且我们可以假设，黏合剂和有不同电荷的黏合物相互的作用反应就像放在一起的两块电容器极板。不过，如果这一理论是正确的，环氧树脂就不能将其他的环氧树脂物体黏合在一起，就像结冰的水也不能将两块冰粘连在一起一样。

▲ 一些黏合剂，就像图中这个著名的环氧树脂黏合剂广告一样，它们甚至可以把建筑物部件牢牢地黏合在一起，除了防止风化，还能防水。

剥离强度

　　在分离测试中，实验人员通过把两个被黏合物分开，来测试黏合物结合的强度。强力合成黏合剂会融进被黏合物的接合面中，而不是在黏合物的接合面之间形成一层黏胶层。为了避免强力合成黏合剂融进被黏合物接合面，在强力合成黏合剂的分离测试中，使用黏合剂时要尽可能少。

黏合剂的类型

　　热固塑料黏合剂，如环氧树脂，是由短暂不饱和的聚合物链构成的液态物质，一旦被加热，或者与热固黏合剂混合，就能同硬化剂（一种催化剂）一起启动一种不可逆化学反应。聚合物链交叉结合，形成坚固耐热的结合物，足以将建筑物的部件接合在一起。例如由预浇混凝土制成的桥梁就是用环氧树脂连接在一起的。

　　厌氧丙烯酸黏合剂本来是液态单体，但它在聚合时会形成坚固的黏合剂。空气会抑制它的固化过程，而金属却会加快它的固化过程，所以它常被用来黏合需要密封的机械部件。

　　水溶性或脂溶性黏合剂是通过把黏合剂颗粒溶解在水中或有机溶剂中制成的。等它们干后，

▲ 塑料水管和输气管道在埋到地下之前要先焊接在一起。先把两根管子接合在一起，然后在接口处套上一个用来软化塑料的加热环。加热的时候，聚合物的分子获得足够的能量并分散到接合处的各个点上，于是，两根管子的接口处就合为一体了。

▲ 在我们的家庭中有很多常用黏合剂，每种都是针对某种专门材料设计的。

溶液中的溶剂就会蒸发，剩下的黏合剂颗粒便相互紧紧黏附在一起，从而将被黏合物的表面牢牢粘在一起。但是，并非所有的黏合剂都是液态的。

　　压敏黏合剂，如手术用的石膏和绷带，就是用彼此表面的物质颗粒不能互相交叉结合的橡胶做成的。

制陶业

早在数千年前，人们就开发出了坚固、耐用的陶瓷，并造出了陶砖、用于储物的陶瓷容器，以及陶瓷餐具。甚至在书写文字被发明以前，陶工们就已经开始用陶土制作有用的物件。

陶瓷是一种非金属的无机材料，是在高温条件下被加工出来的，可以在高温条件下使用。20 世纪 40 年代以前，世界上大多数陶瓷都是通过数千年来从未改变的传统工艺，用黏土合成物制造出来的。20 世纪 40 年代后，许多新的陶瓷成形工艺和更坚固、更耐用的陶瓷（新型陶瓷）被发明出来了，并被广泛使用。

陶砖、陶瓷浴缸和陶瓷管道

制作传统陶瓷的原材料成本低，而且易于开采。在这些原材料中，最普通的是黏土。在陶瓷成形前，将黏土与矿物改良剂混合，可以改善黏土的特性。例如瓷器是用黏土、长石和细砂

◀ 许多陶瓷都是良好的绝缘体。例如瓷可用来制作电管套、电线开关、避雷针等。如图中的这个变电站，变压器外的套子就是用绝缘的微晶玻璃制成的。微晶玻璃就是玻璃陶瓷，是综合玻璃和陶瓷技术发展起来的一种新型材料。

（硅石）制成的。在烧结（加热）过程中，长石与像玻璃一样的硅石和黏土颗粒结合，生产出质地致密、半透明、表面光滑的陶瓷。烧制好的陶瓷，它的特性和外观取决于黏土中的化学成分，尤其是高岭土、伊利石、蒙脱石等矿物的含量。

在烧结中，高岭土会变白。所以，高岭土含量高的黏土通常被用来制作白色陶瓷，如餐具、浴缸、便池等。伊利石含量高的黏土比较粗糙，通常被用来生产建筑用的陶瓷制品，如陶砖、陶瓷管道。蒙脱石具有良好的吸收性能，一旦和液体接触就会膨胀，尤其是水。所以，在黏土合成物中通常会添加少量蒙脱石，从而提高陶瓷在成形过程中的可塑性。

▲ 在烧结过程中，砖块被整齐地叠放在一种特殊的、耐高温的托板上，确保火炉中炙热的气流能够均匀地循环。现代的隧道式冶炼炉每周大约可以烧制 36 万块砖。

泥浆

黏土很容易成形。在一小块干燥的、像泥一样的黏土中，添加一些水，很快就成了一团易变的、可任意塑形的原料。水分子像胶水一样，与黏土中细小的、像薄片一样的颗粒结合。然后，潮湿的黏土被放在陶轮上一个成形的模具中铸造，或者被挤压成简单的形状，如砖块和管道。

如果在黏土中添加大量的水，黏土颗粒就会分散，形成悬浮液，这被称为泥浆。泥浆可以用来制作精巧、复杂的器具，如茶壶、储物罐、陶罐等。将泥浆倒入具有吸收性能的模具中，水分会被模具吸收，模具壁上就留下了一层黏土。

易碎盘子

在烧结黏土时，细小的、像薄片一样的黏土颗粒周围的水分会被蒸发掉，黏土收缩，形成离子键的晶状结构。离子键是最强的化学键，破坏它需要很大的能量。因此，黏土的熔点极高，非常坚硬、结实。它们还具有极高的抗压性、良好的绝缘性，并且能够耐受几乎所有化学物质的腐蚀（除氢氟酸和液态碱以外）。

通过传统工艺制成的黏土陶瓷的唯一缺点是易碎。不过，对那些要在婚礼庆典上扔盘子的希腊家庭来说，这可能也是陶瓷盘子应该具有的最重要的特性吧！

高级制陶

60 年前，谁会相信汽车将有陶瓷引擎，人们可以用陶瓷发电。当宇航员从太空返回地球时，陶瓷甚至还能够挽救他们的生命。

在 20 世纪 90 年代，高级陶瓷就已经被研制出来了。与传统的用黏土烧制的陶瓷相比，高级陶瓷更轻便、结实、坚固、耐高温，有的还有更多不同寻常的特性。例如在烧制过程中，氧化铁与一种或多种金属混合（如钡、铅、锰、镍、锌的氧化物），能生成磁性陶瓷。与其他铁金属不同，磁性陶瓷不会导电，因此在需要磁性绝缘体的地方，它们是理想的材料，被用来制造扬声器、内燃机、变压器、录音磁头和计算机存储器等。

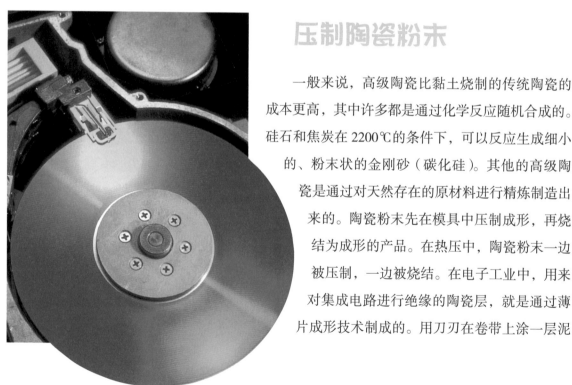

压制陶瓷粉末

一般来说，高级陶瓷比黏土烧制的传统陶瓷的成本更高，其中许多都是通过化学反应随机合成的。硅石和焦炭在 2200℃的条件下，可以反应生成细小的、粉末状的金刚砂（碳化硅）。其他的高级陶瓷是通过对天然存在的原材料进行精炼制造出来的。陶瓷粉末先在模具中压制成形，再烧结为成形的产品。在热压中，陶瓷粉末一边被压制，一边被烧结。在电子工业中，用来对集成电路进行绝缘的陶瓷层，就是通过薄片成形技术制成的。用刀刃在卷带上涂一层泥

▲ 计算机硬盘就是利用绝缘的磁性陶瓷来储存信息的。它是将氧化铁和其他元素，比如镍、锌、锰、铬等，混合并在高温下烧制而成。

浆，就像在面包上抹果酱那样，等泥浆中的液体被蒸发后，一层质地致密的陶瓷就留在卷带上，等待烧结。

耐火陶瓷

如果没有陶瓷，许多金属就不能从矿石中被提炼出来，也不能被铸成产品，因为熔化矿石和金属需要的高温也能使其他材料熔化。在传统意义上，金属工业中使用的炉子的内层、铸勺、模具等，都是用黏土烧制的耐火陶瓷制成的。然而，在极端高温下，陶瓷内部也会产生裂缝并碎裂，从而缩短使用寿命。

现代陶瓷，如氮化硅、碳化硅、氧化铝陶瓷等，都能在较高温度下保持坚固，所以它们逐渐取代了用黏土烧制的耐火陶瓷。例如矾土即使在1900℃高温中，也能短时保持工作能力。

其他性能

氧化铝陶瓷也是一种绝缘材料，硬度是钢的16倍，而且相当耐磨，可以用来制造火花塞、印刷电路板等，甚至还能被用来制造假牙和人造骨骼。有的陶瓷有光学特性，激光晶体是由含钇铝的石榴石制成的。大多数陶瓷都是绝缘体，不导电，但有一些高级陶瓷在朝某个方向挤压时会产生电压，这些压电陶瓷，如钛酸钡，被用在麦克风、扬声器、变形测量器和声呐装置中。它们可以将机械能转化为电能，或者将电能转化为机械能。有些陶瓷的导电性比金属还好。与金属合金超导体相比，陶瓷超导体能耐受的温度更高。在很多发达国家，人们甚至用二氧化铀的陶瓷小球作为核燃料来发电。

▲ 这并不是外星人和他的生日蛋糕，而是一名穿着耐热服的材料技术工人，正在从熔炉中取出一种名叫合金陶瓷的新型材料。合金陶瓷是通过在高温中，将陶瓷混入熔化的金属中制成的。图中，在800℃的高温下，铝渗入碳化硼中，制成合金陶瓷——它的密度比铝小但是却比钢还要坚固。

水泥和混凝土

　　如果沿着比较大的城镇或者城市的主路走，你会看到许多由水泥或者混凝土建成的建筑。混凝土由水泥等材料复合而成，它比水泥更坚硬，也更牢固。

　　水泥和混凝土已广泛应用于大型水坝、桥梁、摩天大楼、机场跑道和公路的建设中。它们在工厂里被预先浇制成板材、砖瓦、铺路板和管道。水泥和混凝土之所以成为被普遍采用的建筑材料，主要是因为它们易于成型、特性较多，而且价格低廉。

▲ 只需把一些预制的混凝土构件组装起来，这座横跨德国萨尔河的大桥就会彻底竣工。

混凝土

为了提高水泥的强度、韧性和其他性能，通常将水泥和其他材料混合在一起使用。无机纤维、有机纤维、沙砾（混凝料）、钢筋、炉渣、灰烬（来自发电厂），甚至气泡，都能用来提高水泥的性能。

水泥在单独使用时，其强度不足以达到建筑要求。水泥、沙子和水混合在一起制成的砂浆，可以将砖牢固地黏合在一起。而水泥、混凝料和水混合在一起制成的混凝土，其强度足以达到建筑要求。与其他复合物一样，混凝土也集合了组成物质的一些特性，如水泥的黏合性和混凝料的高耐压性，这使它成为一种超级建筑材料。

水泥化学

要想将粉末状的水泥浇制成水泥构件，必须先在水泥中添加一定比例的水（制作混凝土时还需添加混凝料），再把两者拌和而成的水泥浆体倒入模具（模型）中。水泥颗粒与水发生水化反应时，会释放出热量，从而使水泥浆体变成具有一定强度的块状固体。最初，水化反应的速度非常快。一段时间以后，水化反应的速度就会大大降低。28 天之后，水泥强度的提高幅度通常变得微乎其微。

在修建大型混凝土建筑物（比如水坝）时，必须使用慢凝型水泥或者采取相应的预防措施，以保证水化反应期间所产生的热量都能释放出去。否则，混凝土有可能在热力的作用下发生断裂。

喷浆混凝土

有时，在一些无法靠近或是不便操作的地方，如隧道内壁，尤其是天花板，普通的松软混凝土根本派不上用场。在这种情况下，就需要使用一种特殊的混凝土，即喷浆混凝土。利用喷射枪可以把喷浆混凝土喷射到物体表面。熟练的操作者会使喷浆混凝土紧紧地黏附在物体表面，而不会弹回或者掉落。

▲ 图中这种机械专门用于铺设钢筋混凝土路面。在两层混凝土中间加入一些钢筋，能提高路面的承受力。

◀ 工人们正把模具从一些已经硬化的混凝土制品上取下来。混凝土由各种混凝土混合料按一定的比例拌和而成，把混凝土放进相应的模具里，就会成批地生产出质地一样的混凝土制品，如砖瓦、管道和桥梁构件等。

水泥的制作过程

硅酸盐水泥是最普通的水泥，它由富含钙的物质（如白垩和石灰石）和富含硅的物质（如黏土和页岩）混合后制成。

白垩与黏土和水混合后形成悬浮泥浆。

悬浮泥浆被储存在储藏罐中，之后再被送进加热旋转炉里。

黏土经过碾磨、清洗、过滤、注水等工序后形成泥浆。

在加热旋转炉里，悬浮泥浆中的水分会被蒸发掉，同时白垩和黏土发生反应形成熟料（水泥的主要成分）。

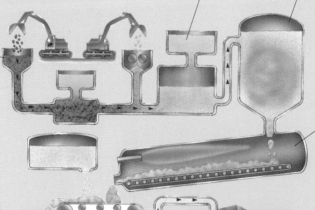

对离开加热旋转炉的熟料进行冷却。之后，在熟料中加进一定比例的石膏。掺有石膏的熟料被传送进碾磨机，在那里它们会被碾磨成细小的水泥颗粒。

粉末状的水泥被储存在筒仓里，之后再被传送进包装机。

专业水泥和特性水泥

水泥的化学成分和化学键不同，它们的性能也不同。所以，应该根据建筑环境和建筑要求选用不同种类的水泥。例如在硅酸盐水泥中加入缓凝剂（如石膏）后，可以减慢水泥水化反应的速度，避免水泥在热压下发生断裂。油井水泥专门用于深层油井中的固井工程，这种水泥里面含有缓凝剂，它们能延缓水泥的硬化速度。

不同种类的水泥，对化学侵蚀和温度的抵抗能力也不同。高铝水泥对硫酸盐的耐受性和抗高温能力都比普通的硅酸盐水泥强。例如由高铝水泥和耐火砖混合制成的耐火混凝土，可以承受 1350℃ 的高温。

▲ 混凝土是将混凝料、水泥和水混合后制成的。根据建筑需求，混凝土通常被放进各种模具中浇制成型。

玻璃

　　玻璃的历史可以回溯到古代。科学家推测，人类最早使用的玻璃可能是岩浆冷却后形成的带有锋口的天然玻璃，原始人类用它们制作武器和工具，如刀、斧头、剑等。

　　天然玻璃和我们现在使用的玻璃有天壤之别。它们既不是透明的，也不具备实用的形状，还缺乏人造玻璃的美。天然玻璃非常稀少，我们用来做门窗、容器、镜子的玻璃，基本上都是由原材料合成的。

　　玻璃是一种固态的非晶体的无机材料，坚硬易碎，但它们看起来却像凝固的液体。和液体

▲ 一堆又一堆的沙子、苏打和石灰石被投入玻璃生产熔炉中，这些混合物被加热到大约1300℃时，便会生产出透明的苏打石灰玻璃。

一样，它的原子并没有紧密地排列成一定的结构，而是结合在一起，形成一种广泛散布的、随机的网状结构。在室温下，这种结构非常结实，可用于加工机械硬件。然而，一加热它就会变软，先是形成具有可塑性的、易成型的材料，再继续加热就会形成软的、黏黏的浆状液体。

玻璃和光线

　　玻璃是透明的，因为它内部广泛散布的原子结构使光线可以直接穿透。你可以把自己假设成一个太阳，把一个足球假设成一束光线，把站在你对面的足球队员假设成原子，那么，在不被足球队员阻挡的情况下，将球射向球门就如同光线直射过玻璃而不会被原子阻挡一样。

　　另一方面，水晶的固体材料有紧密排列的原子结构，光线穿过时会被阻挡，这就像前面有数百个防御者而被判罚点球一样。足球（光线）到达球门之前，必定会被一个防御者（一个原子）挡住。

玻璃的化学键

　　这是玻璃中的硅酸钠分子结构的二维图，它显示了硅原子和氧原子的随机网格，钠原子散布在这个网格中。

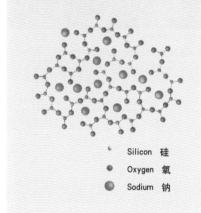

· Silicon 硅
● Oxygen 氧
◉ Sodium 钠

◀ 涂有金属反射层的玻璃可以产生壮观的视觉效果，如图中这座美国休斯敦的办公大楼。有些光线可以透过玻璃，但大部分会像照到镜子上一样被反射回来。

▲ 有时，某种特制的物品要用到技术含量很高的玻璃鼓风机。图中是制造容积为 200 升的实验用长颈瓶的收尾工序。

▲ 照相机、望远镜和透镜的光学玻璃，是在玻璃熔炉中，通过熔融高质量的原材料制成的。这些原材料在熔融的过程中被不断搅拌，直到形成均匀的没有气泡的熔融物；然后，它们被塑形、磨光、锻压，并被镀上特殊的防护层，最后送检。

隐藏景致

　　房间既需要光线，也需要装有半透明的玻璃窗户的私人空间，如浴室。这种半透明玻璃，只有很少量的光线才能透过，因为它内部含有一种能反射光或吸收光的小颗粒物质。这种玻璃还可以变颜色。加入氧化铁变成绿色，加入钼就变成粉红色。

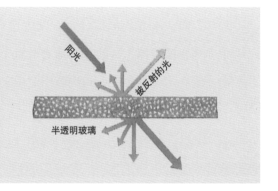

玻璃的类型

　　最普通的玻璃是苏打石灰玻璃，这是把沙子（硅石）、苏打（碳酸钠）和石灰石（碳酸钙）一起加热到约 1300℃时制成的。在玻璃内部，硅石的硅原子和氧原子随机交替，形成三维网格。钠原子和钙原子作为改造成分，它们可以打破硅原子的网格，降低玻璃的熔点。这种苏打石灰玻璃成本低、易成型、化学性质迟钝，是热和电的不良导体。

　　大多数玻璃的网格都是氧化硅，其他成分只是作为网格的改造因子，用于改变其性质。例如硼化玻璃可以防止火车信号灯在暴风雨中破裂。最初，这种信号灯是用热膨胀系数较大的苏打石灰玻璃制造的。当冰冷的雨水落在灯泡发热的玻璃上时，在热膨胀力和收缩压力的双重作用下，玻璃很容易碎裂。而在制玻璃时，如果加入氧化硼，便可以降低热膨胀系数，增大玻璃适应的温度范围。派热克斯耐热玻璃是最普通的硼化玻璃，主要用于制作烹饪器具和实验室中的玻璃器皿。铅玻璃用于制作精美的水晶餐具和仿造珠宝。它含有很大比例的氧化铅，这可以增加玻璃的重量，改善它的切割性能。因为铅吸收高能辐射，所以铅玻璃还被用于保护安装核设备的工人。

未来的新型玻璃

近年来，科学家们发明了许多新的玻璃材料和一些新的玻璃加工技术。有一种被称为玻璃陶瓷的新型玻璃，在它随机的玻璃网格中，分散着一些细小均匀的晶体颗粒。这些颗粒有助于改善玻璃的强度、化学耐久性、抗热性和导电性，适合做火炉盖、雷达盖、电绝缘体、望远镜和导弹头。

最有发展潜力的是胶质溶胶玻璃的生产。胶质溶胶玻璃是在低温下形成的，并不需要将原材料放在高温下熔融，从理论上说，这会降低玻璃的生产成本。但同时，原料的成本会很高，只能用来制造少量特殊物品，如光纤维和庞大的、结构复杂的激光镜底座。

大开眼界

保护教皇

通过特殊的热处理，或镀上一层用其他材料制成的薄膜，如金属和塑料，就可以加大玻璃的硬度。像图中这辆载有教皇的车上的防弹玻璃，它里面就至少含有 6 层塑料。

橡胶

想象一下，假如我们的成长过程中没有弹跳城堡、橡皮船、弹弓、网球和自行车，那我们的生活将是多么乏味无趣。不过幸运的是，制成这些物品的可伸缩的柔韧材料——橡胶一直陪伴在我们身边。

所有的橡胶都至少可以被拉伸到它原来长度的两倍，松开后又可以恢复到原来的形状。也就是说，它们是有弹性的。由于大部分弹性材料都是由聚合物（长链分子）制成的，所以有时候橡胶也被称为弹性体。

橡胶包括两类，天然橡胶和合成橡胶。天然橡胶来自树胶，这是一种水和橡胶的混合乳液，是从许多树木，特别是橡胶树的树皮下分泌出来的。生活在中美洲的玛雅印第安部落就是从这种树上采集橡胶，并制成鞋子、披肩和水桶的，这比欧洲要早几百年。

生的天然橡胶在高温下会变黏，在低温时却很脆。为解决这一问题，通常要在机械力的作

▲ 橡胶在添加了配合剂后才能送入两个辊轴之间碾压。图中一名工人正在熟练地对橡胶混合物进行监测并整理形状。

你知道吗？

橡胶礼服

　　服装设计师和特效造型师会发挥他们的想象力和创造力，用橡胶制作忍者神龟的外衣、时髦的晚礼服，甚至侏罗纪公园的恐龙。人们用与制作外科手术用的手套、泡沫垫子相同的技术，用实物大小的模具给橡胶塑形，然后在炉子中硫化。

　　服装设计师克莱尔·戈达德将橡胶的利用理念又向前推进了一步，她把橡胶和日常物品混合起来做成布，并设计出了一套用橡胶和茶叶袋做的婚纱。

用下将橡胶软化（素炼），并加入一些添加剂来改善它的性能，再加热使它的聚合链在高温下连接（交联）在一起。

　　合成橡胶是由石油化工材料制成的。就像塑料一样，橡胶也是由被称为单体的不饱和的碳氢化合物小分子聚合而成的。然后，合成橡胶就用和加工天然橡胶一样的技术制成各种各样的产品。

橡胶添加剂

　　在对橡胶进行塑性之前，要添加一些配合成分来改善它的性能，提高它的可塑性，有时候还能降低原料成本。补强填充剂，比如炭黑，可以增加橡胶的延展性、抗撕裂性能，以及耐磨性能；将碳酸钙和陶土填充剂混入橡胶中则可以降低成本。像矿物油这样的加工助剂可以在加工过程中软化橡胶；酚类和胺类可以减缓热、光、空气，以及某些化学物质造成的有害分解。例如天然橡胶可以和空气中的氧气发生化学反应，而这种氧化反应会使橡胶失去弹性而变硬。在制造鞋底的橡胶中加入

▲ 还有什么比荡轮胎秋千和吹泡泡糖更有趣呢？但是如果没有橡胶，这些都不可能实现。没有橡胶，这个孩子的鞋底将是皮革的，秋千只能是木头的，也不会有泡泡糖和孩子口中的泡泡。

轮胎生产流程图

不同的轮胎由不同的材料制成。飞机轮胎由天然橡胶制成，而大多数汽车轮胎是由天然橡胶和合成的丁苯橡胶制成的。

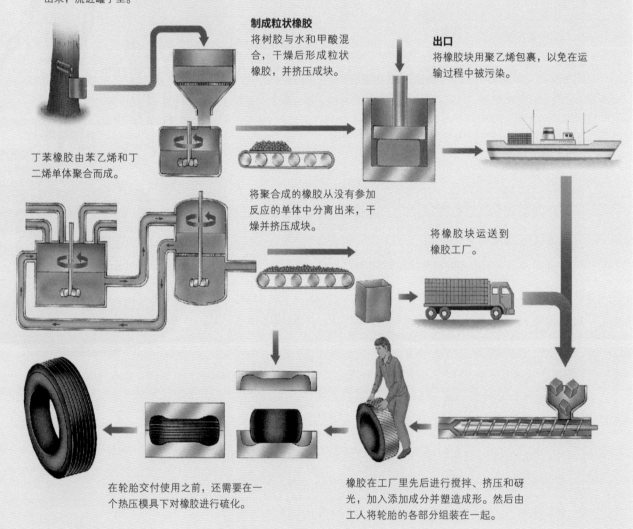

轻轻敲打树干
在树皮上斜着割一个小口，树胶就会渗出来，流进罐子里。

制成粒状橡胶
将树胶与水和甲酸混合，干燥后形成粒状橡胶，并挤压成块。

出口
将橡胶块用聚乙烯包裹，以免在运输过程中被污染。

丁苯橡胶由苯乙烯和丁二烯单体聚合而成。

将聚合成的橡胶从没有参加反应的单体中分离出来，干燥并挤压成块。

将橡胶块运送到橡胶工厂。

在轮胎交付使用之前，还需要在一个热压模具下对橡胶进行硫化。

橡胶在工厂里先后进行搅拌、挤压和砑光，加入添加成分并塑造成形。然后由工人将轮胎的各部分组装在一起。

苯乙烯化苯酚可以减缓氧化，使鞋底能始终保持柔韧。

最后一类添加剂叫作硫化剂，它们使橡胶在高温高压下发生交联（硫化）。硫化剂使橡胶由塑性材料变为弹性材料。正常情况下，活化剂（催化剂）可以激活硫化促进剂，而硫化促进剂可以控制硫化剂交联橡胶的速度。在硫化过程中，通常用硫黄作为硫化剂。但是，热塑性弹性材料，即使不经过交联也具有良好的弹性。

橡胶的弹力

天然橡胶在大型工程上的应用可以表现出优越的性能。多亏了橡胶减震装置，坦克上的人才得以平稳地通过崎岖的地面。同样，地震区的建筑物的承重柱子下面都有天然橡胶，用来吸收地球的震动。天然橡胶结实耐磨，但是在极端条件下，它们不像某些合成橡胶那样可靠。它们在油中会膨胀，在高温下会失去强度，在压力下会断裂。

特殊的合成橡胶可以克服上述某些甚至全部问题。比如，氯丁橡胶有着良好的耐热性和耐腐蚀性，因此成为潜水服、汽油胶管，以及传送带的理想材料。有的碳氟橡胶在290℃的高温，以及强化学腐蚀条件下仍能保持弹性，所以可以用来制造耐酸辊轴、防火纤维，以及飞机、汽车、化学工业中的密封圈和垫圈。

纸

1803 年，亨利·福德利尼尔和西利·福德利尼尔两兄弟发明了一种造纸机，从而把破布变为财富。如今，在福德利尼尔造纸机的基础上制成的大型造纸机，已经能够生产多种类型的纸，包括结实耐用的印钞纸。

众所周知，在纸发明以前的几个世纪里，古埃及人一直把莎草纸和羊皮纸作为书写材料。105 年，中国人蔡伦第一次用破布和废渔网做原料制成了纸。直到 19 世纪末期，人们仍在使用蔡伦的造纸方法，造纸原料主要是亚麻、破布等天然纤维。然而，随着人们对纸的需求不断增加，破布这样的原材料很快供不应求，科学家不得不寻找更多的纤维资源。

▲ 自动化程度较高的造纸机，依靠计算机传感器和经验丰富的质量控制技师，对纸张在各个生产阶段中的特性进行监控。

幸运的是，科学家发现许多天然植物纤维都适于造纸，其中尤以木材资源最为丰富。目前，大多数纸都是用木材纤维制成的。有时，其他天然纤维和合成纤维也被用来制造特种纸。比如，结实耐用的纸币和法律文书都是用棉花、亚麻、黄麻、大麻等纤维制成的；玻璃和尼龙这样的合成纤维则被用于制造过滤纸、电气绝缘纸和高强度纸。

制作纸浆

纸是这样制成的：先把植物中的天然纤维素纤维分离出来，之后，在水的作用下，它们被重新排列，形成平整的纸页。有两种方法可以将木材分解为纤维：一种是利用盘磨机将木块磨成机械纸浆；另一种是将木片放入化学溶剂中，然后对其进行高压蒸煮，制成化学纸浆。氢氧化钠和

你知道吗？

纤维

这是一张被放大数倍的纤维结构图，从中我们可以看到，天然纤维的结构比较复杂，由许多细小的纤维素纤维组成。植物的种类不同，它们的纤维结构也略有不同：与硬木相比，软木的纤维较长，强度较高。

▲ 技师们正在对造纸机的污水预处理装置进行检测。一台造纸机的日用水量，几乎与一座小型城市的日用水量相当。

造纸

许多造纸厂都建在森林附近。大型的综合造纸厂能将木片加工成纸浆，然后用纸浆造纸。图中这家位于美国缅因州的造纸厂就是如此。有些造纸厂需要从纸浆制造商那里购买纸浆。

硫酸钙能够去除木片中的树脂和木质素，分离出来的纤维素纤维不但长，而且干净。机械纸浆含有杂质，纤维较短，强度较低。因此，它们主要用于生产低质量的纸，如新闻纸。在阳光的照射下，新闻纸中的木质素会使纸张变黄。

当纸浆制成后，还需要把它们放进打浆机里，对纤维进行蓬松处理。通过打浆，可以把纤维中的细小纤维分离出来，从而改变纸张的强度和吸水性。经过长时间打浆的纤维，通常用来生产较硬的防油纸，反之则用来生产柔软的吸墨纸。将打好的纸浆送进搅拌槽，然后添加配料，再充分搅拌。

添加到搅拌槽里的配料能够改变纸张的特性。例如颜料和染料可以改变纸张的颜色；陶土、二氧化钛和白垩不仅能防止纸张卷翘，还能使纸张表面变得光滑，以及提高纸张的不透明度（不透光）；胶黏剂（如松香和明矾）可以降低纸张的吸墨性。

造纸机

纸浆与配料搅拌好后，便被送入造纸机。现代化造纸厂使用的大型造纸机有足球场那么大，而且每天 24 小时不停地运转。一台长网造纸机一周内生产的纸张的总长度，比纽约到伦敦的距离还要长。

每台造纸机都有一个湿部和一个干燥部。搅拌好的纸浆被传送到湿部的筛网上进行脱水。当纸浆中的大部分水分被淋出去后，筛网上留下一层薄薄的纤维（纸幅）。当纸幅随着筛网向前移动的时候，水印辊将水印压入纸幅中。之后，纸幅进入压榨部。在压榨部，压榨装置将纸幅

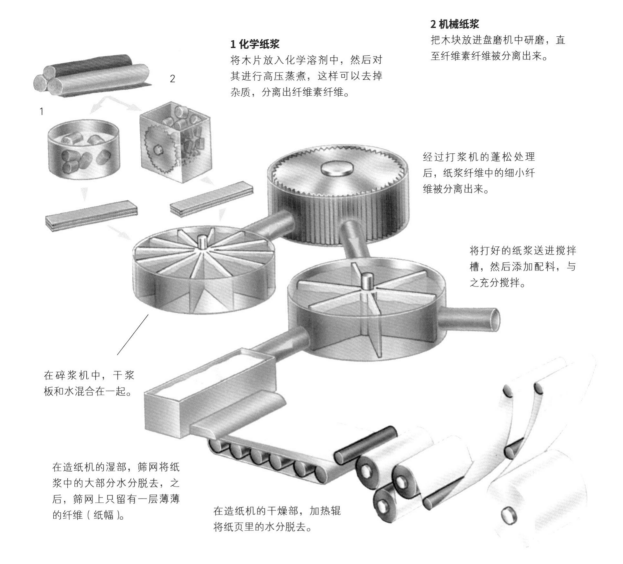

2 机械纸浆
把木块放进盘磨机中研磨，直至纤维素纤维被分离出来。

1 化学纸浆
将木片放入化学溶剂中，然后对其进行高压蒸煮，这样可以去掉杂质，分离出纤维素纤维。

经过打浆机的蓬松处理后，纸浆纤维中的细小纤维被分离出来。

将打好的纸浆送进搅拌槽，然后添加配料，与之充分搅拌。

在碎浆机中，干浆板和水混合在一起。

在造纸机的湿部，筛网将纸浆中的大部分水分脱去，之后，筛网上只留有一层薄薄的纤维（纸幅）。

在造纸机的干燥部，加热辊将纸页里的水分脱去。

中的大部分水分挤压出来，并固化纸幅，使之形成连续的纸页。纸张的密度与压榨力量的大小有关。例如制造餐巾纸所需的压榨力就比高质量的印刷纸小。

压榨成形的纸页随后进入造纸机的干燥部，加热辊对纸页进行干燥处理。最后，将纸页送入卷取部。有时，在纸张出厂之前，还需对它们进一步加工。压光机能提高纸张的亮度，表面涂布能增强纸张表面的平滑度和光泽度，利用专业机器可以将纸张加工成纸袋或纸箱。

生产工艺

金属、塑料和黏土等材料都可以通过很多不同的工艺加工成形状相同的物品，但是这些成品的物理性质却可能不尽相同。

控制飞机起落架的金属齿轮可以由两种方法制成。昂贵的制造程序是把一块金属锻造成一个齿轮坯，然后在车床上加工到最终的尺寸。这种方法生产出的齿轮坚固可靠，能够安全地放下飞机的起落架，不出意外。另一方面，一种快速而便宜的制造方法是通过加工一段金属条，制造出多个齿轮。用两种方法制成的齿轮在肉眼看来一模一样，但是在使用中，便宜的齿轮损坏的可能性更大，从而给机组人员和乘客的生命带来风险。

▲ 把各种各样的原料转化为成品，比如图中这辆三轮车，要经过很多加工步骤。生产商们需要选择合适的处理和加工方法来制造，以求在产品质量和经济性之间找到一个平衡点。图中，一种新的快速油漆固化炉正在进行测试。

　　所以，当一家制造公司要开始制造一种新的产品，例如齿轮，必须先仔细考虑运用哪种生产工艺。轧光、挤压、铸造、注模、吹模、压模、热轧、冷轧等，仅仅是可用方法中的一小部分。最终选择的方法取决于准备塑造的原材料、成品的特性要求，以及设备和劳动力成本。每种不同的材料，比如金属、塑料、玻璃和陶瓷，都要依据自己的特性，在不同的条件下进行加工。

　　陶瓷的熔点非常高，因此要在它们处于熔融状态时进行铸造，难度很大而且昂贵。于是，人们采用两个步骤来加工陶瓷：先把陶瓷加工成粉末，然后在高温下烧结（加热），直到粉末的微粒熔合在一起。成品的强度取决于陶瓷的种类和塑造方法。

　　黏土烧制的陶瓷通常采用灌浆或挤压的方法来塑造成型。这两种方法都会在产品中形成较大的气孔，在烧结时不会全部闭合。烧结后残留的气孔会降低陶瓷的强度，裂缝就经常起源于气孔的边缘，或者从气孔中间穿过。而粉末压制，尤其是等静压（均匀压制），会在成型过程中除去大部分的气孔，而且残留的气孔一般会在烧结时消失。这是一种昂贵的生产工艺，但是用这种方法生产的瓷器比灌浆成型和挤压成型的更为坚固。

灌浆 VS 等静压

　　灌浆壶是通过把水和黏土的混合物（粉浆）倒入一个吸水的模子里面制成的。水渗透到模子里，留下薄薄的一层黏土，再除去多余的粉浆，然后黏土陶器干燥成型。要想制造更坚固的瓷器，就要对一个悬于液体中的橡胶模具里的陶瓷粉末从各个方向施加压力。高压让陶瓷微粒靠得更近，因此成品中的气孔（薄弱点）更少。

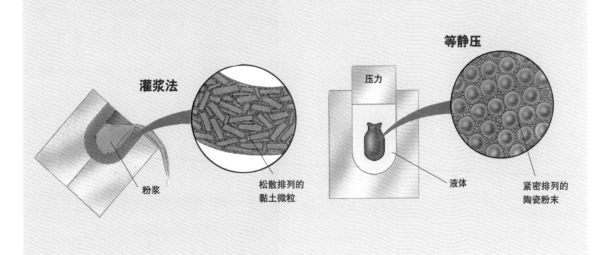

灌浆法　粉浆　松散排列的黏土微粒

等静压　压力　液体　紧密排列的陶瓷粉末

齐心协力

在熔融纺丝中，人造纤维是通过把熔化的塑料从一个叫喷丝头的装置中挤压出来而制成的。由于塑料在喷丝头的小孔中受到挤压，它的聚合分子链就从自然的缠绕状态被迫变成了直的平行线。然而，就像梳理纠结的头发时，发丝趋向于在某处集中打结一样，在拉出的纤维中，平直的区域也是被纠缠打结的区域分隔开的。直的不纠缠的聚合分子越多，纤维的强度越高。

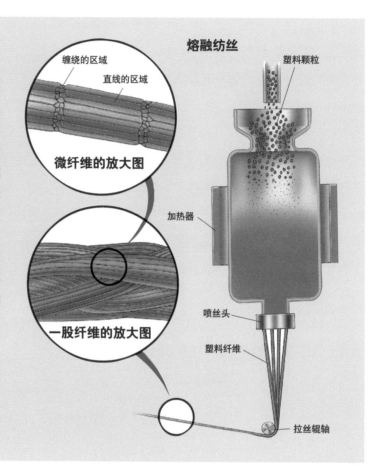

熔融纺丝

缠绕的区域

直线的区域

微纤维的放大图

一股纤维的放大图

塑料颗粒

加热器

喷丝头

塑料纤维

拉丝辊轴

大开眼界

硬塑料袋的收缩

把一个空的硬塑料袋在火炉上贴放几秒钟，它会神奇地收缩到原来大小的四分之一。研究聚合物的科学家这样解释这种神奇的现象：当硬塑料袋中的塑料被加热到超过它的软化点（聚合物开始软化的温度）时，它的呈直线排列的分子链就会重新回到混乱纠缠的状态，和它们被吹制成薄膜之前一样。

▶ 生产玻璃瓶曾经是一项劳动密集型的高度技术性工作。现在，自动的玻璃吹模机每小时可以生产出数千个玻璃瓶。加压的空气把炽热的玻璃雾滴吹成了瓶子形状的锥形。然后这些完美成型的瓶子被立即送到退火炉中，在那里，消除掉所有内部压力和张力。

玻璃加工

　　玻璃是一种无定型材料，很容易在熔融或者红热状态下成型。传统的玻璃吹制工艺是一种技术性的劳动力密集型的塑造方法，用来生产少量的非日常用品，例如实验室用的烧瓶和装饰品。现代的自动吹模机通过把玻璃雾滴或玻璃雏形吹到模子里面，能在一个小时之内制造出数千件同样的产品。玻璃在突如其来的气流下伸展成型后，它的内部结构会变得过度紧张。所以，要把玻璃放进一个退火炉中，给它的原子一些时间松弛下来，这就和我们辛苦学习或工作了一

挤压聚合物

　　塑料和橡胶的管道、软管和导管都是通过挤压制成的。原材料（聚合物和复合成分）被放入挤压机一端的送料斗中，通过一个热的圆筒，在筒里它们混合在一起，然后被一个螺旋杆推到挤压机的另一端。在挤压机的出口上装有一个可拆卸的模具（印模），可在聚合物离开挤压机时将它塑造成型。摆脱印模的压缩作用后，橡胶的分子链会松弛下来并向外膨胀。这种现象被称为离模膨胀，可以通过改变挤压机的运转速度或者增加印模挡圈的长度来降低膨胀程度。不过，克服离模膨胀最可靠的方法是事先把橡胶的这种膨胀计算在内。

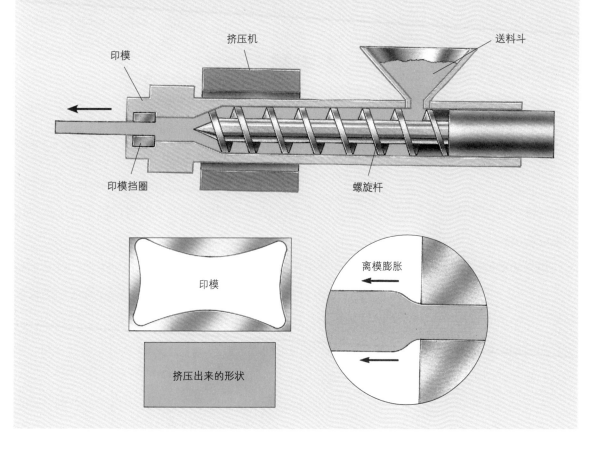

管状薄膜

　　垃圾袋、硬塑料袋和食品保鲜膜都属于塑料薄膜。制造薄膜的一种常用方法是，将挤压熔化的塑料，使它垂直地通过一个环形的印模，这样就形成一个管状薄膜。然后再充气使薄膜膨胀，冷却，在压送辊之间压平，最后在传送轮上卷起来。朝里面吹入更多的空气，可以增大管状薄膜的尺寸，这样会使聚合分子链横过来，水平排列；而如果保持薄膜的尺寸不变，同时增大卷膜速度，就会使聚合分子链垂直排列。

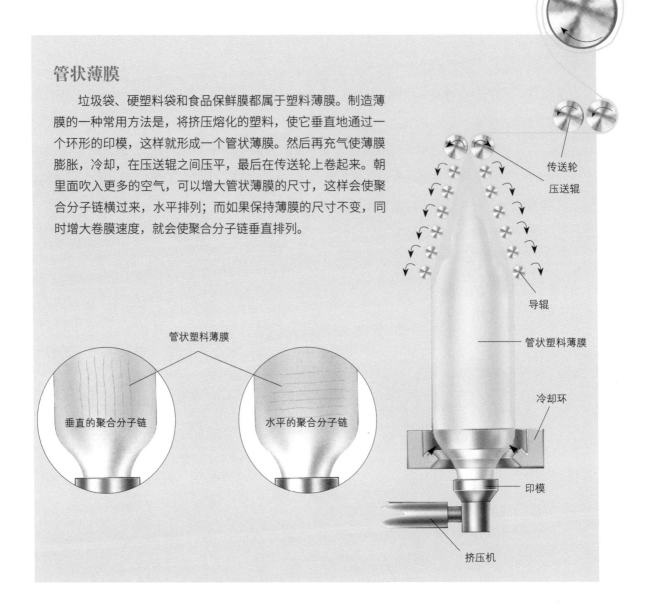

传送轮

压送辊

导辊

管状塑料薄膜

管状塑料薄膜

垂直的聚合分子链

水平的聚合分子链

冷却环

印模

挤压机

天之后洗个热水澡放松一下差不多。使玻璃漂浮在熔化的锡的上面，它就可以被塑造成窗户用的平板玻璃。

　　塑料和橡胶通常在熔化状态，或者至少是在软化状态下塑造成型。例如垃圾箱，就是把熔化的塑料从注模设备的压出机喷射到一个水冷的模具里面注塑成型的。汽车发动机所用的橡胶软管，是使用经过挤压熔化的橡胶，通过一个印模而制造出来的，然后再对橡胶进行固化处理，使它保持固定的形状。热塑性塑料则通过压模加工而成，即在一个加热的模具里进行压制，直到它们固定成型（固化）。

　　大部分聚合物都是无定型材料。它们的长链分子混乱地缠绕在一起，所以聚合物的性质在各个方向上都是相同的。然而，一些塑造工艺，比如吹模、熔融纺丝和薄膜制造等，却可以使聚合物的分子链呈直线排列。这使得成品在聚合分子链指向的方向上更加坚固，在相反的方向上更为脆弱。材料具有了各向异性的特征。

金属加工

　　通过碾轧、浇铸、挤压、锤打（锻造）或者焊接，金属能在熔融、红热和冷却状态下塑造成型。采用的加工方法不同，金属的物理性质也大相径庭。例如红热的金属在两个滚筒之间被轧成薄片，它内部的颗粒结构就会被拉伸展平，就像一个面团被擀面杖擀平一样。然而，这些颗粒（晶粒）不会长久地保持这个形态。很快，新的球形的晶粒集结成核（生成）并且生长，直到最终取代旧的变形的颗粒。就像这样，在热轧后，金属的强度和延展性都和碾轧前大致相同。

热轧

　　在制造金属薄片、金属条或者金属薄板时，需要挤压厚的金属板和金属铸块，使它们通过轧机的钳口，来减小厚度——有时甚至要把厚度减小 95%。当炽热的金属通过轧辊时，金属内部较大的圆形晶粒就会变形。不过，碾轧后不久，新的晶粒就会生成，并生长直到取代旧的晶粒。为了实现这个过程，金属的温度必须高于它形成新晶体的最低温度，即必须在再结晶温度以上。

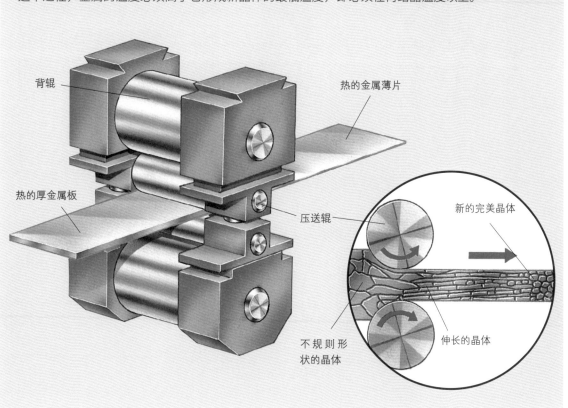

浇铸

把熔化的金属倒入模子里面，金属可以被浇铸成各种复杂的形状。对于少数铸件，模子是由压实的沙子制成的。对于大部分的铸件，模子都由金属制成，内层涂有耐高温涂料。熔化的金属被倒入模子里以后，在边角处，它会固化形成长的阶梯一样的晶体（枝状晶体）。在铸件的中心部分，温度更高，金属冷却得更慢，从而形成大的粒状晶体。模子的边角通常是圆滑的，来阻止枝状晶体形成薄弱面。

▼ 金属在塑造成型后，通常要进行热处理，以改善其物理性质，有时也包括化学性质。这张微观图显示了经过"表面硬化"后的一个软钢工具。在热处理过程中，碳扩散到钢的表面（黄色的一侧），这使晶体结构具有了更大的张力，从而硬化了金属的表面。

熔化的金属

沙模

更牢固的圆角

直角处的薄弱面

薄弱面

枝状晶体

▲ 用成型轧辊对金属薄片进行冷轧，可以在表面形成凹槽。冷轧并不意味着金属是冷的，只不过冷轧时的温度低于金属再结晶的温度。例如铅的再结晶温度在0℃以下，它就不能在室温下进行冷轧，因为室温下它的内部颗粒会再结晶，而不会被加工硬化。

如果金属在较低的温度下碾轧（冷轧），它的性质会发生戏剧性的变化。在冷轧之后，金属的颗粒结构会保持展平和伸长的状态。变形的颗粒由于非自然的形态而被压紧，这等于对金属进行了加工硬化——使金属更坚硬、更具刚性和强度。如果这些特性不是我们想要的，还可以将金属放在炉中进行热处理，直到晶体结构再次重组。

生物材料

很多人的体内都含有生物医学的植入物。牙齿的填充物、瓷冠和牙套是最常见的人体植入物。此外，还有大量其他种类的植入物，专门用来替换或者修复人体的病变器官。

最早的人造器官诞生于 200 多年前，当时的医生利用自己掌握的工程学知识为病人设计出了备用的器官替代品。他们利用木头、象牙和金属制作假肢、假牙和假手。然而，随着科学技术的发展，要让医生同时精通医药学与工程学两个领域显然已是不可能的。因此，一个全新的科学分支应时而生，并成为连接医学和工程学的桥梁，这就是生物工程学。

今天，生物工程学家们运用工程学的基本原理对生物体进行医学处理。他们发明并改进了外科手术器具，用于监测病人或宠物健康状况的设备，以及用来取代人体内部病变或缺损器官的人造组织和人造器官（假体）。

生物医学材料

假体是由许多不同的材料制成的。髋骨、膝盖和肩关节可用金属和陶瓷植入物代替；在患者胸部植入依靠锂电池启动的起搏器，可以调节不规律的心跳；手术中使用的缝合线由可被生物降解（分解）的聚合物制成；聚合膜、聚合泡沫或聚合凝胶可以充当烧伤者的暂时性皮肤覆盖物。外用植入物和内用植入物都是用不会与人体组织产生排异（排斥）反应的材料制成

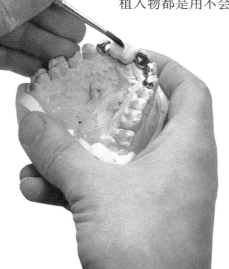

◀ 一名牙医在给陶瓷假牙上色，这样可以使它看起来更像真正的牙齿。上完色的假牙在窑内烘烤过后就可以使用了，人们利用金属扣将假牙固定在两旁的牙齿中间。

在欧洲，每年大约会有50多万人更换自己的髋关节。这大概是由于现代人大多数时候都坐着的原因，髋关节的疾病才越来越多。 图中就是用来代替髋关节的假体。

的。这就意味着这些材料必须具有化学惰性（不易反应而且稳定），以免触发身体的免疫机制（防卫机制），同时还必须对人体内的腐蚀物质具有耐受性。每种材料都必须具备标准、安全的物理性质及化学性质才能实现植入物的功能。例如手指关节的替代品是由质地柔韧、可以反复弯曲的材料制成的，如聚六氟氧丙化烯橡胶（合成橡胶的一种）。同所有植入物一样，假指关节的替代物至少要在下列一种消毒条件下具有化学稳定性：高温、蒸汽、辐射或者化学消毒药水。

尽管有这么多严格的要求，用于制造人体植入物的材料（生物医学材料）仍在不断增多。人体的坚硬组织的假体（骨头和牙齿）可以用不锈钢、钛合金、铝、锆、超高分子聚乙烯（UHMWPE）以及聚甲基丙烯酸甲酯（PMMA）制成。柔性植入物可以用聚二甲基硅氧烷（硅橡胶）、聚四氟乙烯（PTFE）以及涤纶（聚酯纤维）等聚合物制成。

仿生学之梦

科幻小说中经常出现的那些体内有数百个植入物，拥有超人的力量与感知能力的仿生人，要成为现实仍然遥遥无期。外科移植有时可以帮助患者恢复视力和听力，替换有疾病隐患的人体关节，甚至可以使瘫痪的病人在一定程度上恢复活动能力。尽管如此，植入物并不能完全复制人体自然器官的所有功能。例如心脏起搏器和人工肾脏能够提高病人的生命质量，但同相应的健康人体器官相比，它们的功能还是很有限。

尽管人体自然器官经过数百万年的进化已经十分完善，但生物工程学家在设计人体内用假

外科手术的备件

在外科移植手术中，大约有 3000 多种人造医疗部件可以被植入人体内部。有的植入物用于代替已被损坏、病变或衰弱的器官，有的用于矫正或替换具有先天性缺陷的器官，还有一些植入物可以帮助受损的人体组织愈合。

软质植入物

软性隐形眼镜由聚甲基丙烯酸羟乙酯制成。

人工心脏瓣膜中包含硅橡胶。

疝气需用涤纶或硅胶补片进行修补。

膀胱和肠的患病组织可以用由聚四氟乙烯（PTFE）或尼龙氨纶制成的复合软管代替。

电子手外面套着用聚氯乙烯或硅胶制成的仿真皮肤手套。

由可被生物降解的聚乳酸制成的缝合线可用于缝合伤口。

坚硬植入物

用于恢复听力的中耳植入物由高密度的聚乙烯基复合羟磷灰石（HAPEXTM）制成。

假牙、填料，以及牙科黏固粉可用瓷、金属、汞合金，以及磷酸锌制成。

髋关节替代物由钛合金制成，它附在多孔陶瓷上以便同周围的骨头结合。

钴铬合金钢钉、螺钉和金属线可以修复折裂的骨头。

碳化纤维可用于制作人造肌腱和韧带。

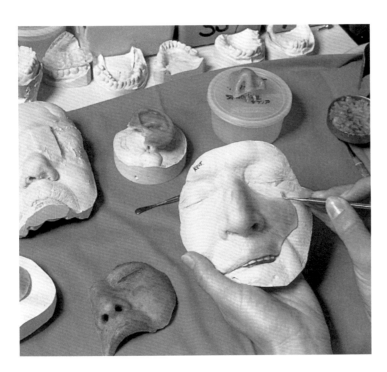

▲ 面部修复手术可以覆盖住永久性损伤或已经脱落的面部皮肤。手术中用到的面具是在硅橡胶、聚氨酯或聚四氟乙烯模具中制成的。每个面具都是手工绘制的，以尽可能地贴近病人原来的肤色，从而达到更加逼真的效果。

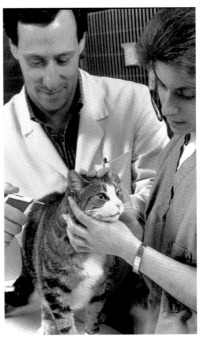

▲ 在人体植入技术不断发展的同时，生物工程学家也在为动物研制相关的仪器与植入物。图中，工作人员正在将电子身份识别标记植入猫肩部中间的皮肤下。

体时，却只有 50 年的研究数据可以参考。目前最先进的生物医学材料，如由高密度的聚乙烯基复合羟磷灰石制成的骨头仿生品，它们不但在人体内使用的寿命较长，并为改进手术程序提供了更多的机会。然而，最终的生物工程植入物，或许能够通过使用人体的活组织，达到在每个细节上都能模拟自然器官的程度。假如生产多莉（克隆羊）时用到的克隆技术能被应用到未来的植入物上，那么只需用少量细胞就可以繁殖出相应的人体组织，以取代那些用金属、陶瓷或聚合物制成的植入物。